Anne-Kathrin Gomringer

Unsere ersten Ziegen

AF638486

Ulmer

Inhalt

Erstaunliches und Wissenswertes zu Ziegen

Fantastische Vierbeiner

Das Ziegen-Zuhause

Alltag mit Dickschädeln

Besonderes rund um die Ziege

Vorwort

Sie sind stolz, verschmitzt, klug und neugierig: Ziegen bestechen durch wunderbare Eigenschaften. Kaum ein Tier besitzt so zahlreiche Facetten. Vieles an ihnen mag im ersten Moment gegensätzlich klingen, ergänzt sich aber zu einem tollen Gesamtbild. Ziegen sind Nutztiere – können aber verschmust und anhänglich sein. Ziegen sind Fluchttiere – doch resolut in der Verteidigung. Ziegen sind eigensinnig – lassen sich aber sehr gut erziehen und lernen schnell kleine Kunststücke.

Wer lediglich „Gebrauchstiere“ in ihnen sieht, liegt vollkommen falsch. Die kleinen Wiederkäuer bringen Spaß, Witz und eine ganze Menge kerniger Natur in Ihren Alltag. Wer sich intensiv mit den Vierbeinern beschäftigt, wird jeden Tag etwas zum Lachen haben und zahlreiche grandiose Freizeitbeschäftigungen entdecken.

Ziegen sind für jeden ambitionierten Tierhalter eine große Bereicherung, ob als unterhaltsame Gartenbewohner, Gefährten für Ihre Kinder oder als Begleiter auf Trekkingtouren.

Durch ihre Ursprünglichkeit, gepaart mit einem Wesen, das für uns Menschen sehr zugänglich ist, schenken Sie uns eine Verbindung zur Natur: unverblümt, geerdet und im wahrsten Sinne des Wortes greifbar.

Fantastische Vierbeiner

Ziegen sind Nutztiere mit Charme und Charakter. Wer handfeste Tiere mag, die zutraulich sind und trotzdem eigenständig, liegt mit Ziegen goldrichtig.

»
Unsere Ziegen sind eine Bereicherung für die ganze Familie. Sie sind goldig und gleichzeitig so richtig kernig.

Yvonne

Natur pur und kecke Köpfe

Handfestes Landlive-Feeling gepaart mit Unterhaltungswert: Das erwartet Sie, wenn Sie sich für die Anschaffung von Ziegen entscheiden. Die kleinen Wiederkäuer sind nicht nur vielseitig nutzbar und hübsch, sondern bringen eine ganze Menge Schwung in Ihren Alltag.

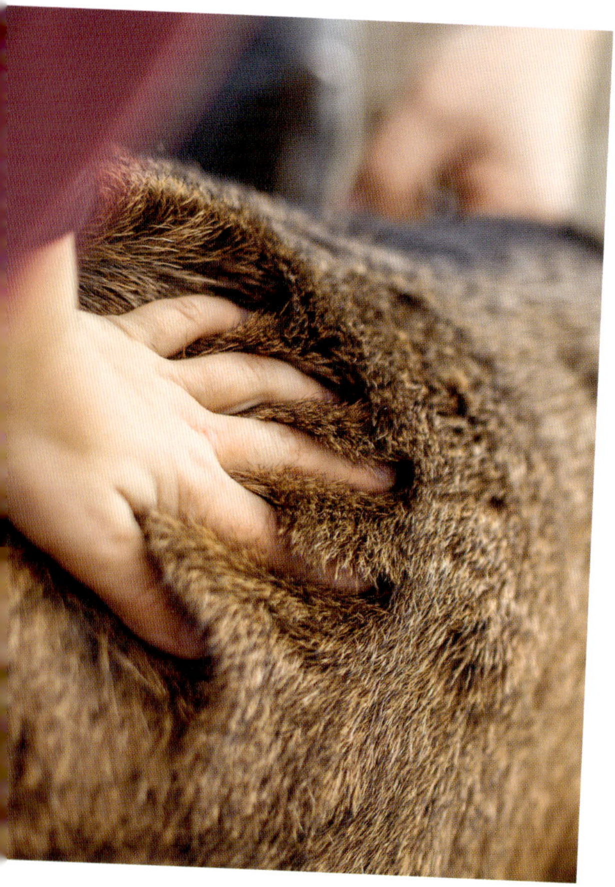

Fühlt sich toll an: Hautnah die Natur spüren.

Landleben zum Anfassen

Ziegen sind keine Sensibelchen, sondern robuste Tiere mit Charakter. Im Vergleich zu vielen anderen Haustieren sind nicht nur die Vierbeiner stattlich, sondern auch alles drum herum: der Stall, das Weideareal und die Futtermengen. Hier greift man nicht nur in einen Käfig oder muss behutsam tätscheln. Wer Ziegen hält, befindet sich mitten im Geschehen, kann so richtig ins Heu greifen und die Finger durch dichtes Fell streichen lassen.

Dickköpfe mit Schalk im Nacken

Die Charaktereigenschaften der einzelnen Tiere treten bei Ziegen viel deutlicher zum Vorschein als bei vielen anderen Herdentieren, beispielsweise bei Schafen. Ziegen sind grundsätzlich neugierig und stets bereit, Wagnisse einzugehen, um Neues zu entdecken oder an verlockende Futterquellen zu gelangen. Selbst die gedrungenen, kleinen Rassen sind äußerst gelenkig.

Diese Kombination aus Neugier, Wagemut, Sportsgeist und Charakter führt dazu, dass Ziegen häufig Dinge tun, die auf uns Menschen ulkig wirken. Übrigens veräppeln sie uns auch gerne. Ziegen sind sehr unterhaltsame Gesellen – Lacher garantiert.

Hier darf richtig zugelangt werden.

»

Unsere Ziegen bringen uns jeden Tag zum Grinsen. Die verhalten sich oft, als wollten sie einen belustigen.

Yvonne

Stallfenster in dieser Höhe sorgen für Frischluftzufuhr ohne Zug.

Bedeutende Alleskönner

Ziegen können eine immense Bedeutung in der Menschheitsgeschichte und Kultur für sich verbuchen. Die robusten Vierbeiner sind schon seit Jahrtausenden eine äußerst zuverlässige Überlebensquelle für viele Menschen.

Die Kuh des kleinen Mannes

Ziegen können Milch, Fleisch, Leder, die meisten Horn und einige Rassen sogar Vlies liefern. Wenn es sein muss, sind die kleinen Wiederkäuer sehr genügsame Fresser. Wer sich früher keine Kuh leisten konnte, hat zugesehen, dass er wenigstens eine Ziege sein Eigen nennen konnte. Deshalb galt der robuste Vierbeiner als „Kuh des kleinen Mannes".

Wie immens wichtig Ziegen für die ärmeren Gesellschaftsschichten waren, zeigt eine Anekdote aus der Zeit, als die Familie meiner Oma im zweiten Weltkrieg ihren ganzen Hof verloren hat.
Über eine arme ansässige Familie sagte wiederum ihre Großmutter: „Wir haben einen ganzen Hof verloren. Und die weinen um eine Ziege." Daraufhin entgegnete meine Oma sehr treffend: „Das war deren Hof."

Wo andere Tiere nicht weiden könnten, finden Ziegen noch genügend Nahrung.

Weitreichende Wurzeln

Ziegen wurden, etwa zeitgleich mit Schafen, vor rund 10.000 Jahren im westasiatischen Raum erstmals domestiziert. Damit gehören sie, nach den Hunden und Urrindern, zu den ältesten Haustieren der Menschheit. Zum Vergleich: Pferde wurden vor 5.000 bis 6.000 Jahren domestiziert, Hühner vor etwa 3.500 und Kaninchen vor circa 1.500 Jahren. Bereits vor über 2.500 Jahren hatte die Ziege eine immense landwirtschaftliche Bedeutung erreicht. Im alten Rom war sie weit verbreitet – schon ein halbes Jahrtausend vor der Zeit der Cäsaren.

Begleiter von Nomaden und anderen Reisenden

Ziegen sind auch heute noch wertvolle Nutztiere, vor allem in vielen Regionen Eurasiens und Nordafrikas. Ein großer Vorteil von Ziegen ist, dass sie in kargem und unwegsamem Gelände gut zurechtkommen und genügend Futter finden.
Viele Nomaden reisen mit ihren Ziegenherden über weite Strecken. Die Tiere sind für sie Kapital und Nahrungslieferanten zugleich, da der Mensch in solchen Landschaften ohne die Ziege nicht überleben würde. Die robusten Vierbeiner werden in vielen Regionen auch als Zug- und Lasttiere verwendet. Diese Nutzung, die in Europa bis Anfang des letzten Jahrhunderts weit verbreitet war, wird derzeit von Fans wiederbelebt (siehe Seite 66).

Ziegen in schlechten Zeiten … Hier ein Foto von 1919.

Wilde Weidetiere

Um unsere Hausziegen zu verstehen, ist es wichtig einen Blick auf ihre natürliche Lebensweise zu werfen. Obwohl Ziegen den Menschen schon lange als Haustier begleiten, haben sie einen großen Teil ihres ursprünglichen Verhaltens beibehalten.

Paarhufer mit großer Verwandtschaft

Ziegen gehören zur Ordnung der Paarhufer und hier wiederum zur Unterordnung der Wiederkäuer. Paarhufer werden auch als Paarzeher bezeichnet, was einiges über die Anatomie von Ziegenfüßen verrät. Stellt man sich eine Hand vor, so gehen Ziegen auf den Spitzen von Mittel- und Ringfinger, die sich zu festen Klauen entwickelt haben.
Wie die Bezeichnung Wiederkäuer schon vermuten lässt, würgen Ziegen die vorverdaute Nahrung hoch, um sie erneut zu zerkleinern. Genau wie Rinder besitzen sie drei Vormägen (Pansen, Netzmagen, Blättermagen) und einen Labmagen. Im Gegensatz zu Tieren mit nur einem Magen, ist es Wiederkäuern möglich, auch Zellulose effektiv zu verdauen. Unter den Wiederkäuern gehören Ziegen den sogenannten „Stirnwaffenträgern" an. Hierunter zählen sie wiederum zur Familie der Hornträger, die sich unter anderem in Schafe, Ziegen, Rinder und Antilopen untergliedern lässt. Die Gattung Ziege umfasst neben der Wild- und Hausziege auch einige Steinbockarten.

Die Bezoarziege ist die Urmutter unserer Hausziegen.

Wenn man penibel ist, muss man „Ziegenhufe" Klauen nennen. Korrekterweise ist der Begriff „Huf" dem Pferd vorbehalten.

In freier Natur

Es gibt heute noch wildlebende Ziegen. Sie kommen vorwiegend in europäischen und asiatischen Gebirgsregionen vor sowie in verschiedenen Teilen Nordostafrikas. Einige leben auch in Steppen- und Wüstengebieten. Die wilden Verwandten unserer Hausziegen mögen kühle bis gemäßigte Temperaturen. Deshalb sind sie je nach Lebensraum den ganzen Tag über oder zu angenehmen Tageszeiten, Dämmerung oder später Nachmittag, aktiv und auf Nahrungssuche.
Männliche und weibliche Tiere bilden nur zur Paarungszeit Gruppen. Dabei kann es unter den gehörnten „Machos" zu heftigen Auseinandersetzungen um die Herden der Weibchen kommen. Den Rest des Jahres verbringen die

» *Am besten finden wir, dass man Ziegen streicheln kann und dass sie Hörner haben.*

Anna und Klara

Einige Rassen bestechen durch sehr ausgefallene Hornformen, wie diese Girgentana-Ziege.

Böcke allein, wobei junge männliche Tiere sich manchmal zusammenschließen. Die Weibchen leben in dieser Zeit gemeinsam mit ihren Kitzen in größeren Gruppen.
Alle wilden Ziegenarten besitzen Hörner, wobei die der Männchen deutlich größer sind. Zu den Wildziegen gehört unter anderem die Bezoarziege (Vorderasien), von der unsere Hausziegen abstammen. Interessant zu wissen ist, dass es auch viele verwilderte Ziegen gibt, die von einstigen Hausziegen abstammen.

Horn und Geweih

Das sind zwei Paar Schuhe. Hörner bestehen aus Hornsubstanz, die ein Knochengebilde umhüllt. Sie sind fest mit dem Schädel verwachsen und innen von Nerven und Blutbahnen durchzogen. Manche Tiere reagieren deshalb sehr empfindlich darauf, wenn sie an den Hörnern angefasst werden. Diese wachsen übrigens ein Leben lang weiter.
Geweihe dagegen bestehen aus Knochensubstanz. Geweihträger sind an ihrem Kopfschmuck nur schmerzempfindlich, solange er von einer Haut überzogen ist, durch die das wachsende Geweih mit Blut versorgt wird. Ein Geweih wird einmal jährlich abgestoßen und wächst neu nach. Horn wird von der Haut gebildet, genau wie unsere Fingernägel.

Meckermäuler verstehen

Ziegen sind weder dumm noch zickig. Sie bestechen durch Neugierde, Individualität, Intelligenz und viele weitere tolle Eigenschaften. Wenn Sie Ihren Vierbeinern Aufmerksamkeit schenken, werden Sie bald zutrauliche Tiere haben.

Gesellige Vierbeiner mit klarer Hierarchie

Ziegen sind Herdentiere und brauchen unbedingt Gesellschaft. Wer in einer Ziegengruppe das Sagen hat und welche Tiere sich besonders mögen, können sogar Laien klar erkennen. Ziegen, die sich zugeneigt sind, kuscheln gern miteinander oder beknabbern sich. Welche Tiere dominant sind, zeigt sich vor allem in Situationen, in denen es etwas Besonderes zu ergattern gibt. Ranghöhere Ziegen drängen sich vor oder stoßen ihre „Untergebenen“ beiseite, um an leckeres Futter zu kommen oder sich Streicheleinheiten abzuholen. Übrigens erachten Ziegen Sie nicht zwangsläufig als „Respektperson“, nur weil Sie ein Mensch sind. Ein sicheres Auftreten ist vor allem gegenüber ranghohen und großen Tieren äußerst wichtig. Es gibt nämlich Ziegen, die unsicheren Menschen sonst zeigen wo's langgeht.

Natürlich lebt sich's am besten

Langweiler kann man Ziegen wirklich nicht nennen. Sie begeben sich gern auf die Suche nach dem besten Futter, klettern auf alles Mögliche, tollen herum oder widmen sich der Körperpflege. Wenn Sie Ihren Vierbeinern den Raum schaffen, um all ihren Bedürfnissen nachkommen zu können, werden Sie sehr ausgeglichene Tiere haben.

Ausdrucksstarke Lauser

Das typische Meckern ist wohl die bekannteste Art der Ziegenkommunikation. Die Laute können viele unterschiedliche Facetten und Bedeutungen haben. Das reicht von auffordernden Meckern über laute Brunstäußerungen bis hin zum Rufen nach Tieren, die außer Sicht geraten sind.
Ziegen ohne Meckerei gibt es schlichtweg nicht. Forschungsergebnisse haben gezeigt, dass Ziegengruppen sogar eine Art Dialekt entwickeln. Während Geschwistertiere nach der Geburt sehr ähnlich klingen, passen sie ihre Laute nach Eingliederung in die Herde der Gruppe an. Ihre Ziegen werden auch Sie „anmeckern“, wenn sie meinen, Sie dadurch zu einem gewünschten Verhalten bringen zu können – beispielsweise die Gabe von Leckereien.

»

Manchmal, wenn sie längere Zeit meckern, denke ich mir: Es wäre prima, wenn man ihnen nicht nur die Hörner, sondern auch das Meckern wegzüchten könnte.

Willi

Bärli will zuerst vom Popcorn.
Ohne Flöckli geht trotzdem nichts.

Bärli ruft nach Flöckli, weil die sich in den Stall verkrümelt hat.

Vertraute Gestik

Die Vierbeiner bringen sich auch durch Körpersprache sehr klar zum Ausdruck. Und die ist ziemlich einfach zu lesen.
Das typische Aufstampfen mit den Vorderläufen, das man auch von Schafen kennt, bedeutet, dass sich die Ziege bedroht fühlt. Damit warnt sie die anderen Herdenmitglieder.
Passt Ihren Dickköpfen etwas so gar nicht in den Kram, schnauben sie lautstark. Auch wenn uns dieses Verhalten bekannt vorkommt, eng verwandt mit den kleinen Paarhufern sind wir trotzdem nicht.
Die Ohren der Ziege sind übrigens ein sehr guter Indikator für ihr Befinden. Bei Tieren, die sich wohlfühlen, stehen die Ohren vom Kopf ab und werden entspannt bewegt. Gestellte Ohren zeigen Aufmerksamkeit.

Gesellen mit Geschmack

Der Geruchs- und Geschmackssinn von Ziegen ist sehr ausgeprägt. Wenn sie Witterung aufnehmen, heben die Vierbeiner häufig die Oberlippe (Flehmen). Durch einen Kanal hinter den Schneidezähnen, der den Gaumen mit der Nasenhöhle verbindet, wird das Riechempfinden verstärkt.
Neben süß und salzig können Ziegen auch sauer und bitter unterscheiden. Gegenüber bitterem Futter sind sie ziemlich hart im Nehmen, weshalb beispielsweise Tannennadeln gerne gefressen werden. Am beliebtesten ist allerdings salziges Futter. Entsprechende Lecksteine (siehe Seite 51) finden die kleinen Feinschmecker super.

Alles im Blick

Ziegen können beinahe alles um sich herum auf einmal wahrnehmen. Ihr Blickfeld reicht über ganze 270 Grad. Das ist wichtig, weil Ziegen Fluchttiere sind und ihre Umgebung stets im Auge behalten müssen.
Wie wir erkennen Ziegen Farben, allerdings weniger intensiv als der Mensch. Bei Helligkeit verengen sich ihre vertikalen Pupillen, sodass sie auch bei starkem Sonnenschein exzellent sehen. Bei Dunkelheit allerdings sind wir ihnen in Sachen visueller Wahrnehmung deutlich überlegen.

Durch die seitliche Anordnung ihrer Augen, haben Ziegen ihre Umgebung richtig gut im Blick.

Bei tiergerechter Haltung werden Ziegen nicht zickig.

Mythen und Legenden

Ziegenbeinige Typen

Schon mal etwas von einem Herrn mit Ziegenbeinen gehört? Pan, der Gott der Wälder und Wiesen, hat Ziegenbeine, einen Ziegenbart und Hörner. Auch dem Teufel wird oft ein Ziegenfuß zugeschrieben.
Faunus ist das römische Pendant zu Pan. Später wurde aus ihm das Fabelwesen Faun, das gleichzusetzen ist mit dem Satyr, den sicherlich viele Kinder aus dem Film Narnia kennen. Beide werden häufig mit Ziegenbeinen dargestellt.

Ziehmutter des Göttervaters

Der Titan Kronos hat den Mythen nach seine Kinder verschlungen, zu denen auch Zeus gehörte. Um ihn noch davor zu schützen, gab ihn seine Mutter in die Obhut der Nymphen. Eine davon verwandelte sie in eine Ziege, die dem Säugling Nahrung liefern konnte. So wurde Zeus von einer Ziege großgezogen. Als diese ihn einmal gegen seinen brutalen Vater verteidigte, brach ihr ein Horn ab. Dieses füllte sich ganz von allein mit allem, was sich sein Besitzer wünschte – daher der Begriff Füllhorn.

Begleiter Thors

Auch in der nordischen Mythologie sind Ziegen bedeutungsvoll. So soll auf dem Dach Walhalls eine Ziege stehen, die Met gibt. Thors Wagen soll von zwei Ziegenböcken gezogen worden sein, die übersetzt Zähneknisterer und Zähneknirscher hießen. Auf diese bezieht sich der Julbock, den wir vor allem in Form von kleinen Strohböcken als Weihnachtsschmuck kennen.

Hintergründiger Humor in Bronze: Landbevölkerung geht mit Ziege zum Amt. Die Figurengruppe von Karl-Henning Seemann ziert die Außentreppe des Landratsamts von Schwäbisch Hall.

Keinen Bock haben

Dieser Ausdruck stammt aus dem Mittelalter und hat nichts mit Ziegen zu tun. In der Gauner- und Bettlersprache, dem sogenannten Rotwelsch, bedeutete der Begriff „bokh" soviel wie Hunger oder Gier. Wollte man nichts essen oder haben, sagte man: „Keen bokh."

Beistellziege und Sündenbock

Wird ein einzelnes Pferd gehalten, sieht man nicht selten eine oder mehrere Ziegen bei ihm stehen. Diese sogenannten Beistellziegen sorgen dafür, dass sich das Pferd, ebenfalls ein Herdentier, nicht einsam fühlt.
Der Sündenbock ist ein früherer Begriff für eine männliche Beistellziege. Dem Volksglauben nach zog der Sündenbock die Krankheiten im Stall auf sich, sodass die Pferde gesund blieben.

Sternzeichen Ziege

Die Ziege zählt zu den chinesischen Sternzeichen. Im Jahr der Ziege Geborenen werden sehr positive Eigenschaften wie Liebenswürdigkeit, Freundlichkeit und Eleganz zugeschrieben. Ziegen sind gutmütig und eher zurückhaltend. Im Internet können Sie nachschauen, ob Sie zu diesen friedliebenden und harmonischen Wesen zählen.

Die geeigneten Paarhufer

Welche Ziegen zu Ihnen passen, hängt neben Ihren Wünschen vom zur Verfügung stehenden Platz und Ihrem Engagement ab. Der Aufwand und die möglichen Haltungsformen variieren je nach Rasse und Gruppengröße.

Für Familien mit kleinen Kindern sind Zwergziegen optimal.

Grundlagen für ein glückliches Miteinander

Bevor Sie eine bestimmte Rasse ins Auge fassen, sollten Sie die Umgebung betrachten, in der Ihre Ziegen leben sollen. Überlegen Sie sich, wie viel Zeit Sie investieren möchten und wie viel Geld Sie auszugeben bereit sind.

Es gibt Ziegenrassen, die sensibel auf bestimmte Witterungsverhältnisse reagieren, andere benötigen besondere Pflege. Wenn Sie keine großen Weideflächen besitzen, müssen Sie Zusatzfutter kaufen.
Stehen Ihre Wünsche, Einsatzbereitschaft und der Haltungsort in einem gesunden Verhältnis zueinander, wird es Ihnen leicht fallen, eine

passende Ziegengruppe zu finden. Bitte halten Sie nie eine einzelne Ziege. Die Herdentiere brauchen unbedingt Gesellschaft.
Der Besuch von Veranstaltungen, auf denen Züchter mit verschiedenen Rassen vertreten sind, lohnt sich. Sie bekommen einen handfesten Eindruck von den Tieren und können sich von Fachleuten beraten lassen.

In Ihrer Familie sollte auf jeden Fall jemand sein, der die Tiere sicher festhalten und bei Bedarf hochheben kann, wie hier beim Klauenschnitt.

Gruppengröße

Ob Sie mit einem Pärchen starten oder eine etwas größere Gruppe holen möchten, bleibt Ihnen überlassen. Wichtig ist, dass den Tieren sowohl draußen als auch im Stall ordentlich Platz zur Verfügung steht (siehe Seite 34 und 42) und sie genügend Futter sowie Beschäftigungsmöglichkeiten vorfinden.

Bitte informieren Sie sich bei der Gemeinde: Leider ist die Ziegenhaltung nicht in allen Siedlungsgebieten zulässig.

Für diejenigen, die sich für Milchziegen interessieren, ist die Entscheidung auch davon abhängig, wie hoch der gewünschte Milchertrag sein soll.
Damit Sie bereits hier eine vage Vorstellung bekommen: Wenn Sie ordentlich zufüttern und sich intensiv mit den Tieren beschäftigen, können zwei Zwergziegen schon auf rund siebzig Quadratmetern Grünfläche glücklich sein. Wollen Sie sich eine größere Herde zulegen und mit dieser vielleicht sogar wirtschaftlich arbeiten, dem empfehle ich das Buch „Unser Schaf- und Ziegenhof“ (siehe Buchtipps, Seite 95).

» *Wir halten unsere beiden Zwergziegen im Garten und füttern Grünschnitt und Heu zu. Der Freilauf misst etwa zehn auf acht Meter. Die Ziegen sind ausgeglichen – wir sorgen aber auch immer für Beschäftigung.*

Willi

Einfach typgerecht

Ziegen lassen sich in drei Typen einteilen: Milchziegen, Fleischziegen und Vliesträger. Allerdings schließen sich diese Kriterien nicht immer gegenseitig aus. Zudem gibt es bei allen drei Ziegentypen eine Zahl weiterer wichtiger Eigenschaften.

Milchziegen

Wie der Name bereits sagt, wurden diese Ziegenrassen auf eine hohe Milchleistung gezüchtet. Der ursprüngliche Zweck muss aber nicht zwangsläufig erfüllt werden. Sie können Milchziegen auch zum reinen Vergnügen halten, solange sie keine Lämmer bekommen oder diese bis zum natürlichen Absetzen bei den Muttertieren bleiben.
Eine Nutzung zur Milchgewinnung (siehe Seite 76) bringt deutlich mehr Arbeitsaufwand mit sich. Zur Ertragssteigerung sind bestimmte Haltungsbedingungen nötig und das regelmäßige Melken muss unbedingt gewährleistet sein – auch wenn Sie im Urlaub sind.

Fleischziegen

Von diesen Rassen werden vornehmlich die Lämmer geschlachtet. Aus ihrem Fleisch sich leckere und zarte Braten zubereiten lassen. Da die Tiere jung geschlachtet werden, riecht und schmeckt ihr Fleisch nicht nach Ziege.
Natürlich können Sie Fleischziegenrassen zum reinen Vergnügen halten. Denn grundsätzlich gilt: Was keine Milchziege ist, wurde zur Fleischgewinnung gezüchtet – abgesehen von den Vliesträgern (siehe nächster Abschnitt). Somit gehört auch die Zwergziege zu den Fleischziegenrassen.

» *Ich hätte gerne Milch von den Ziegen. Die Zeit habe ich aber nicht. Auch bräuchten wir eine andere Rasse.*

Yvonne

Die Bunte Deutsche Edelziege wurde auf Milchleistung gezüchtet, ist aber auch unter Hobbyhaltern sehr beliebt.

Vliesträger (Fasertyp)

Die bekanntesten Vertreter dieses Typs sind zweifelsfrei Angoraziegen. Sie werden wie Schafe geschoren. Das hierdurch gewonnene glänzende, glatte Vlies wird Mohair genannt. Ein weiterer geläufiger Begriff ist „Kaschmirziege", allerdings bezieht sich diese Bezeichnung nicht auf eine Rasse, sondern auf die Art des Produktes: Kaschmir ist das von Hand ausgekämmte Unterhaar von Tieren. Die feinen Fasern können von verschiedenen Ziegenrassen gewonnen werden, unter anderem von der Toggenburger Ziege.
Angoraziegen bilden eine Ausnahme. Sie haben kein geschichtetes Fell, weshalb sie geschoren werden müssen. Neben den Angoraziegen gibt es weitere schafwollartige Ziegenrassen. Allerdings wird nicht von allen das Vlies verwendet.

Für die langhaarigen Rassen gilt: Sie reagieren sensibel auf Nässe und benötigen mehr Pflege als ihre kurzhaarigen Verwandten.

Zwergziegen stammen aus Afrika, wo sie Bäume beweiden und zur Fleischgewinnung gehalten werden.

Ausgefallene Typen

Einige Ziegenrassen eignen sich extrem gut dafür, gegen die Verwilderung und Verstrüppung von Wiesen und Wäldern anzugehen. Sie werden als „Landschaftspfleger" bezeichnet. Viele Gemeinden stellen sogar entsprechende Landschaftspflegeprogramme auf. Dies kann für Ziegenfans interessant sein, die selbst zu wenig Weidefläche besitzen.
Neben dem Nutzen gibt es viele weitere Gründe, Ziegen zu halten. Einige Rassen werden immer seltener (Pfauenziege), andere bestechen durch eine ausgefallene Optik (Walliser Schwarzhalsziege) oder sind besonders pflegeleicht (Graue Bergziege – capra grigia).

Rove-Böcke beeindrucken mit ihrem ausladenden Kopfschmuck.

Hallo Vierbeiner!

Haben Sie sich für eine bestimmte Ziegenrasse und Tierzahl entschieden, geht es an die Auswahl Ihrer zukünftigen Vierbeiner. Hier gilt: Wer sich im Vorfeld gründlich umschaut, hat hinterher kein Nachsehen.

Erst mal kennenlernen.
Wenn alles passt, kann der Umzug geplant werden.

Auf Tuchfühlung vor dem Kauf

Bevor Sie sich für eine Ziegengruppe entscheiden, sollten Sie sich die Tiere unbedingt in natura anschauen. Idealerweise besuchen Sie verschiedene Halter. Das ist nicht nur deshalb sinnvoll, weil Ziegen der gleichen Rasse unterschiedliche Charaktere haben können. Auch die bisherige Haltungsform hat die Tiere geprägt, und – ganz wichtig: Sie haben damit die Möglichkeit, sich vom Zustand der Tiere zu überzeugen. Die Ziegen sollten gesund, fidel und ihrem Alter entsprechend wirken (siehe nächster Abschnitt).

Es ist wichtig, dass Sie sich Ihrer Sache sicher sind: Ziegen werden im Durchschnitt 15 bis 20 Jahre alt.

Positive Kriterien sind:
- waches und munteres Verhalten
- klare Augen
- glänzendes, dichtes Fell
- gesunde und gepflegte Klauen (siehe auch Seite 80)

Die bisherigen Halter sollten vernünftig und kompetent auftreten. Informationen über Impfungen, Bluttest, Gesundheitszustand und ähnliche seriöse Dinge gehören auf jeden Fall dazu. Verlangen Sie einen Nachweis über CAE-Freiheit (siehe Seite 84). Diese Viruserkrankung ist nicht unbedingt ersichtlich.
Wer ganz frisch ins Projekt Ziegen startet, sollte sich bei der Suche nach passenden Vierbeinern von einem erfahrenen Halter begleiten lassen. Ein guter Züchter will Ihnen seine Tiere weder blind geben noch aufschwatzen.

Zähne zeigen

Tiere unter einem Jahr haben ein Milchgebiss. Mit 12 bis 18 Monaten vollzieht sich der Wechsel der zwei mittleren Schneidezähne, deren bleibende Version deutlich größer ist. Bis zur Vollendung des zweiten Lebensjahres kommen die beiden anliegenden Zähne dazu (Vierzahn). Nach zwei bis drei Jahren sind sechs bleibende Schneidezähne zu sehen (Sechszahn), und im Verlauf des vierten Lebensjahres werden die äußersten Milchzähne durch bleibende ersetzt.
Die Gesundheit von Zahnfleisch und Zähnen ist eine wichtige Grundlage für das allgemeine Wohlbefinden der Tiere. Zahnverfärbungen ins Gelbliche rühren vom Futter und sind unbedenklich. Das Zahnfleisch sollte hellrosa, geschlossen und blasenfrei sein. Im Oberkiefer haben Ziegen keine Schneidezähne, sondern eine Kauplatte.

So sieht ein gesunder Kiefer aus. Die Ziege ist etwa eineinhalb.

»

Unsere Ziegen sind vom Züchter und nachweislich kerngesund. Es war uns wichtig, mit gutem Gefühl durchstarten zu können.

Yvonne

Ausgereifte Dickköpfe

Natürlich sind die Jungtiere der kleinen Paarhufer sehr putzig. Doch nicht selten klagen Ziegenhalter darüber, dass sich trotz intensiver Betreuung und guten Haltungsbedingungen ein Tier sehr dominant oder gar angriffslustig entwickelt. Vor allem unausgelastete Böcke und falsch erzogene Ziegen können zu Problemfällen werden (siehe Seite 86).
Wenn Sie auf Nummer sicher gehen wollen, ist es sinnvoller, ausgewachsene, zutrauliche Weibchen oder kastrierte Männchen zu holen. Sind Ihre neuen Vierbeiner bereits aneinander

gewöhnt, erzogen und zeigen einen gefestigten positiven Charakter, dann kann die Freude kaum noch getrübt werden.

Freundliche, kastrierte Zwergziegen-Männchen sind für blutige Anfänger das Ideal. Sie sind etwas robuster als Weibchen und die Brunst bleibt aus.

Rassen kombinieren

Wer sich nicht auf eine Rasse beschränken will, kann durchaus verschiedene Ziegen gemeinsam halten. Hier lautet die Faustregel: Gleich und gleich gesellt sich gern. Das gilt sowohl in Bezug auf das Wesen der kleinen Paarhufer als auch auf ihre physischen Eigenschaften. Am einfachsten ist eine Rassenkombi, wenn die Tiere in etwa gleich kräftig sind und entweder alle (gleich stark) behornt oder alle unbehornt sind.
Sehr unterschiedliche Tiere lassen sich gemeinsam halten, wenn Konkurrenzsituationen vermieden werden. Für jede Ziege müssen genügend Raum und Futter zur Verfügung stehen, damit die stärkeren Tiere ihren Vorteil nicht zum Leid der unterlegenen Ziegen nutzen. Anfänger sollten auf jeden Fall einen entsprechenden Züchter aufsuchen, statt „drauf los“ zu kombinieren. Ideal ist es, wenn die Tiere schon zuvor gemeinsam gehalten wurden.

Ziegen in bunter Runde

Viele Ziegenfans interessieren sich dafür, ob die Dickschädel mit anderen Tieren zusammen gehalten werden können. Prinzipiell: Ja, sofern genügend Raum und Futterangebot für alle da ist. Natürlich hängt die Kombihaltung auch von der anderen Tierart ab. Gut geeignet sind Schafe als Mitbewohner, da sie die Grünpflanzen bevorzugen, die Ziegen eher vernachlässigen. Die gemeinsame Haltung funktioniert allerdings nur reibungslos, wenn genügend Platz zur Verfügung steht und die Ziegen die Schafe nicht dominieren können. Die Ziegen sollten deshalb weder behornt noch körperlich überlegen sein.
Auch Pferde, Rinder oder Hühner werden oft mit Ziegen in einem Areal gehalten. Sogar die Kombination mit Kaninchen kann funktionieren. Die Ställe sollten jedoch immer getrennt sein.
Was Sie auf keinen Fall aufeinander „loslassen“ sollten, sind Gänse und Ziegen. Sie fressen nämlich fast dieselben Pflanzen, was mit der stattlichen Geflügelart zu heftiger Konkurrenz führt.
Gegenüber anderen Haustieren, die nur ab und an in den Freilauf kommen, zeigen sich gut erzogene Ziegen meist tolerant.

»
Die anderen Kinder sind neidisch. Sie wollen auch Ziegen, aber ihre Eltern erlauben es nicht. Sie kommen dann immer zu uns und wollen die Ziegen sehen.

Anna

Schafe und Ziegen ergänzen sich besonders gut, weil sie unterschiedliche Pflanzen bevorzugen.

Null Bock? Kein Thema!

Weibliche Ziegen können durchaus ohne einen männlichen Partner gehalten werden. Im Umkehrschluss ist das eher schwierig. Zudem sollte die Anschaffung eines Ziegenbocks generell gut überlegt sein.

Stattlich! Je nach Rasse bringen Ziegenböcke über 100 kg auf die Waage.

Mächtige Macker

Imposant sind die männlichen Vertreter vieler Rassen zweifellos. Das herrische Image, das Ziegenböcken häufig zugeschrieben wird, ist gar nicht so weit hergeholt. Als Beschützer ihrer Herde müssen sie standhaft und verteidigungsbereit sein. Doch was für die Natur von Vorteil ist, kann für den Halter unangenehm werden. Besonders in der Paarungszeit können sich einige „Machos" aggressiv geben. Hinzu kommt, dass man bei Böcken schnell versehentlich ungewünschtes Verhalten provozieren kann (siehe Seite 87).

Mit Streicheleinheiten gegenüber den Ziegenböcken sollten Sie vorsichtig sein und diese auf den Brust- und Schulterbereich beschränken. Selbst wenn es friedliche „Kerle" gibt: Vor allem Hobbyhaltern, die vorwiegend Spaß an den Tieren haben wollen, ist von einem unkastrierten Bock abzuraten. Dies gilt besonders in Bezug auf große Rassen und wenn Ihre Kinder Zugang zu den Tieren haben.

Ordentliche Haremsgrößen

Auf einen unkastrierten Bock sollten mehr als nur eine Handvoll Ziegen kommen, damit er ausgeglichen bleibt. Allein aus diesem Grund empfiehlt es sich für diejenigen, die nur wenige Tiere halten möchten, auf ein männliches Leittier zu verzichten – selbst wenn Nachwuchs angestrebt wird.
Soll eine Ihrer Ziegen Lämmer bekommen, können Sie sich mit einem Züchter in Verbindung setzen, der hierfür einen Bock zur Verfügung stellt. Auch die künstliche Besamung durch einen Tierarzt ist eine Alternative.

Strenge Düftchen

Ziegenböcke haben einen sehr markanten Geruch, der sich schnell in allem Möglichen festsetzt. Das betrifft nicht nur den Stall und Ihre Kleidung. Auch auf die Ziegenmilch über-

Weibliche Tiere und Lämmer halten sich unter sich auf. In der Natur sind Böcke nur zur Paarungszeit bei der Herde.

trägt sich dieser Geruch, wenn der Bock (oder Kleidung, die nach ihm riecht) beim Melken in der Nähe ist.
Der strenge Eigengeruch von Ziegenböcken stammt aus den Hautdrüsen am Hornansatz (Haarbalgdrüsen). Diese Drüsen können vom Tierarzt entfernt werden, was meist – aber nicht in allen Fällen – dazu führt, dass der Geruch verschwindet oder zumindest verringert wird. Waschen hilft übrigens überhaupt nicht. Doch das ist noch nicht alles in Sachen „strenge Lüftchen". Zur Paarungszeit bespritzen sich Böcke mit ihrem Urin an Kopf, Brust- und Beinbereich, was ihren Geschlechtsgeruch verstärkt. Man spricht hierbei vom „Maulharnen". Das finden die Ziegenmädels wohl besonders attraktiv – ganz im Gegensatz zu uns Menschen.

»

Ein Bock kommt für uns nicht in Frage. Die stinken bestialisch.

Willi

Harems-Handling

Wenn Sie einen einzelnen Ziegenbock haben, kann er auf der Weide mit der Herde mitlaufen. Im Stall empfiehlt sich dagegen eine Trennung von seinen „Mädels", um Unruhe zu vermeiden. Allerdings muss durch Sichtkontakt ein direkter Bezug zur Herde gewährleistet bleiben.
Wenn mehrere Böcke gehalten werden, sollten Sie auf der Weide wie im Stall getrennt von den weiblichen Ziegen stehen. Dies entspricht auch dem natürlichen Verhalten von Ziegen.

Dickschädel für Kindsköpfe

Ziegen als Haustiere für Kinder sind immer Familiensache. Sind Sie als Erwachsene motiviert dabei, steht Ihren Kids grandioses, naturnahes Vergnügen bevor.

Teamwork gefragt

Natürlich sind auch Sie als Eltern gefragt, wenn es um die Ziegenhaltung geht. Die kleinen Paarhufer bringen viele Aufgaben mit sich, die Kinder nicht allein bewältigen können. Auch der richtige und sichere Umgang mit den Tieren will gelernt sein. Das klappt am besten, wenn Sie sich intensiv beteiligen. Kleinere Kinder sollten sich ohnehin nie unbeaufsichtigt bei den Tieren aufhalten, weil sich selbst sehr friedliche Ziegen – und sei es unbeabsichtigt – einmal schroff verhalten können. Außerdem kann auch die überschwänglichste Freude an einem Haustier einmal abflauen. Allein schon deshalb sollten Sie als Eltern verantwortungsbewusst und ebenfalls engagiert bei der Sache sein.

Ist die ganze Familie mit im Boot, macht's umso mehr Freude.

»

Füttern macht mir richtig Spaß. Misten kann ich noch nicht so ganz, weil ich noch nicht so viel Kraft habe.

Anna

Beim Ausmisten helfen Anna und Klara so gut es geht. Die Schwerstarbeit muss aber Papa übernehmen.

Mit der Natur auf Augenhöhe

Dass Ziegen relativ stattlich sind, bringt auch viele Positivpunkte mit sich. Achtung vor der Natur ist nicht nur eine wichtige Grundlage für jede Form der Tierhaltung. Gerade dadurch, dass Ziegen sich nicht einfach herumzerren lassen und sehr deutlich machen können, wenn ihnen etwas nicht „in den Kram" passt, lernen Kinder schnell, dass sie sich auf das Tier einstellen müssen – nicht umgekehrt.

Haben Ihre Kinder das verinnerlicht, profitieren sie von vielen Bereicherungen. Ziegen können so richtig gestreichelt werden, da spürt man die Körperwärme eines anderen Lebewesens, steht mitten im Geschehen und das auch noch meist unter freiem Himmel. Der Bezug zur Natur ist bei solchen Tieren deutlich enger als bei vielen kleinen Haustieren, eben weil rundum Natur pur ist.

Auch viele unruhige Kinder werden durch den Kontakt mit den Ziegen entspannter. Und zu lachen gibt es mit den erfinderischen, kecken Vierbeinern sowieso ständig.

Wenn die Tiere für Ihre Kinder sein sollen, ist es äußerst wichtig, dass auch Sie selbst hinter dem Projekt „Ziegen" stehen.

Kindsköpfe unter sich

Frech, ein bisschen närrisch, zutraulich und bestechlich: Das klingt doch nach Spaß. Die Freude an Ziegen muss sich nicht aufs Zuschauen bei ihren Albernheiten oder das Streicheln beschränken. Die kecken Charakterköpfe sind nämlich ziemlich lernfähig (siehe Seite 64). Kleine Kunststückchen sind da durchaus drin.

Gegenseitiger Respekt ist eine gesunde Basis für Spaß mit den frechen Vierbeinern.

Das Ziegen-Zuhause

Um Ziegen zu halten, müssen Sie nicht zwangsläufig einen Hof besitzen. Es gibt sehr praktische Lösungen in kleinerem Format, die sogar gartenkompatibel sind.

»
Wenn andere hören, dass wir Ziegen haben, fragen sie, ob wir auf einem Bauernhof leben.

Yvonne

Unterkünfte für Ihre Vierbeiner

Ziegen mögen's frisch und gemütlich. Vor allem bei schlechtem Wetter ziehen sie sich gerne an einen geschützten Ort zurück. Möglichkeiten, ihnen ein schönes Dach über dem Kopf zu geben, gibt es viele. Wer gern handwerklich tätig ist, kann sich beim Stallbau so richtig austoben.

Frisch und sonnig

Damit Ihre Vierbeiner sich rundum wohlfühlen, sollte der Stall mindestens drei Quadratmeter Fläche pro Tier bieten und sechs Kubikmeter Luft. Konzipieren Sie die Decke so hoch, dass ein großer Erwachsener problemlos stehen kann. Das ist dem Stallklima zuträglich und Sie haben es beim Arbeiten bequem.

Der Stall sollte sich weder im Sommer übermäßig erhitzen, noch im Winter zu sehr abkühlen. Ziegen bevorzugen Temperaturen von zehn bis fünfzehn Grad. Staut sich zu viel Wärme, wird es für die kleinen Paarhufer unangenehm. Dasselbe gilt für eine hohe Feuchtigkeit, die zu erhöhten Schadstoffkonzentrationen und damit zu einem gesteigerten Krankheitsrisiko führt.

Zur Windseite sollte der Stall geschlossen, insgesamt aber gut belüftet sein, ohne dass Zugluft entsteht. Letztere können Sie durch Öffnungen im oberen Bereich der Wände vermeiden. Zudem benötigen Ziegen unbedingt Tageslicht. Eine einfache und nebenbei oft auch sehr ansehnliche Lösung für eine gesunde Luft- und Lichtzufuhr ist der Einbau von Fenstern, die sowohl gekippt als auch ganz geöffnet werden können.

Aus alt mach' neu: Natürlich können auch bereits bestehende Gebäude zum Ziegenstall umfunktioniert werden.

Die stellen immer was an – oder gleich die ganze Welt auf den Kopf.

Bodenständige vier Wände

Damit Nässe und Feuchtigkeit nicht von unten in den Stall dringen können, ist ein geschlossener Boden wichtig. Außerdem sollten Abwässer nicht ins Erdreich gelangen – das ist übrigens gesetzlich vorgeschrieben. Optimal abdichtend und gleichzeitig leicht zu reinigen ist Beton als Baustoff für den Boden. Natürlich sollte dieser nicht blank bleiben, sondern ordentlich eingestreut werden (siehe Seite 60).
Die Stallwände können aus Holz, Stein, Beton oder ähnlichem Baumaterial bestehen. Hauptsache, sie enthalten keine schädlichen Stoffe, sind stabil und lassen keine Zugluft zu.
Das Dach sollte nicht nur Regen und Wind abhalten, sondern auch Schatten spenden und zu große Erwärmung des Stalls verhindern.
Die Zugänge zum Stall befinden sich idealerweise gegenüber der abfallenden Dachseite. So müssen Sie und die Tiere keinen Wasserschleier passieren, wenn es regnet.

Marke Eigenbau: Diese Ziegenklappe schließt gut und lässt sich ganz einfach einhängen.

Hell, windgeschützt und stabil gebaut: ein klasse Ziegenstall.

Maßgefertigte Stalleinrichtung

Natürlich machen vier Wände noch keinen Stall. Damit alles tiergerecht gestaltet, sicher und zudem bequem für Sie ist, hier einige Tipps für die Innenarchitektur.

Geschickt gelagert

Ob Sie Heu, Stroh und Zusatzfutter in einem separaten Gebäude unterbringen oder ein Stallabteil dafür anlegen wollen, bleibt natürlich Ihnen überlassen. Befindet sich alles unter einem Dach, ersparen Sie sich die Transportwege. Zudem geht weniger Material verloren, wenn Sie Futter und Einstreu mit einem Handgriff in den Stall befördern können.
Wichtig ist, dass genügend Lagerplatz vorhanden ist, um vor allem in den Wintermonaten mehrere Ballen vorrätig haben zu können.
Die Heuballen sollten stets trocken bleiben und vor schädlichen Einflüssen sowie starker Hitze geschützt sein.

So gelagert, bleibt das Heu frisch und kann direkt in den Stall gegeben werden.

Sichere Maße

Für alle Unterteilungen und Abgrenzungen im Stall, inklusive der Futterraufe, gilt: Die Abstände der Latten sollten unbedingt so knapp sein, dass keines der Tiere seinen Kopf hindurch stecken kann. Oft klappt das nämlich in die eine Richtung ganz gut, rückwärts aber nicht mehr. Latten von mindestens drei Zentimetern Stärke und Abstände von sieben Zentimetern sind ein sicheres Maß, bei Zwergziegen und Jungtieren auch weniger.
Für weibliche Ziegen genügt eine stallinterne Abgrenzungshöhe von 120 Zentimetern. Für Böcke sollten Sie deutlich höhere und ordentlich stabile Barrieren veranschlagen. Wollen die Jungs zu ihren Mädels, überwinden sie auch mal eineinhalb Meter im Sprung oder arbeiten sich direkt durch die Bretter.

Bauen Sie Türen stets erhöht ein, sodass sie sich noch öffnen lassen, wenn die Einstreu hoch ist (siehe Foto Seite 60).

Extra Platz für spezielle Fälle

Falls Sie nur eine Handvoll Ziegen zum reinen Vergnügen halten, müssen Sie den Stall nicht weiter unterteilen. Muss eines der Tiere einmal gesondert stehen, beispielsweise weil es krank ist, können Sie mit Hürden aus Holz oder Metall eine separate Box bilden.

Erst bei größeren Gruppen, wenn Sie einen Bock halten oder Ihre Ziegen Lämmer bekommen sollen, ist eine Unterteilung von vornherein sinnvoll.
Die Boxen für einzelne Tiere sollten drei Quadratmeter Fläche oder mehr umfassen. Sie können der herdennahen Unterbringung eines Bocks dienen oder als Lämmerbox genutzt werden. Durch die räumliche Trennung vom Rest der Herde können sich die Ziegenmütter ungestört um ihren Nachwuchs kümmern und die Lämmer geschützt in die Welt starten.

Tiere, die einmal separat von der Herde stehen müssen, brauchen unbedingt Sichtkontakt zum Rest der Gruppe.

Hohe Abgrenzungen mit schmalen Lattenabständen sind am sichersten.

Steckdosen sollten geschlossen sein und genau wie Kabel und Lampen deckennah angebracht werden.

Die ideale Verriegelung ist stabil und für die Ziegen nicht erreichbar.

Interieur für Meckermäuler

Damit sich Ihre vierbeinigen Freunde in ihrem Stall pudelwohl fühlen, gehört auch die passende Einrichtung dazu. Die größte Herausforderung ist der Bau der richtigen Futterraufe. Der Rest ist simpel.

Futterraufen für Frechdachse

Wer durchsetzungsfähig ist, bekommt den Logenplatz – und je mehr Heu aus der Raufe herausgezogen werden kann, desto besser lassen sich leckere Bestandteile vom Rest trennen: Nach diesem Motto fressen Ziegen. Damit alle Tiere genügend Futter bekommen und gleichzeitig nicht zu viel verschwenden, sollten Sie die Raufe entsprechend konzipieren. Fressen alle Ziegen gleichzeitig, braucht jedes Tier zumindest 40 Zentimeter Platz. Abstände von 5 Zentimetern zwischen den Latten haben sich bewährt. Dann können die Frechdachse nur kleinere Portionen Heu herausziehen.

Ideal sind Raufen, deren Latten senkrecht verlaufen. Dadurch kann das Heu gut nachrutschen, wenn unten weggefressen wird. Besonders bequem für Sie ist es, die Futterraufen als Abgrenzung von einem Stallabteil einzusetzen, in dem das Futter gelagert wird. So können Sie von außen Heu auffüllen, ohne in den Stall gehen zu müssen.
Unter der Raufe sollte sich ein Trog befinden, der die Heureste auffängt. Hierfür genügt ein Konstrukt aus zwei Brettern. Die Futterraufe sollte auf Kopfhöhe der Ziegen angebracht werden und so, dass sie mit wachsender Mistmatratze (siehe Seite 58) noch mindestens 25 Zentimeter Abstand zum Boden hat.

Was unten ankommt, wird aufgefangen.

» *Papa regt sich auf, wenn die wieder viel Futter aus der Raufe gezogen haben. Er muss es nämlich hertragen. Und Flöckli und Bärli … die legen sich einfach drauf.*

Anna

In Raufen, die sich nach unten verjüngen, rutscht das Heu besser nach.

Zwei Finger Abstand zwischen den Latten sind ein gutes Maß bei Zwergziegen.

Eimerweise frisches Nass

Für die Tränke benötigen Sie weit weniger Platz als für die Raufe. Bei kleinen Ziegengruppen genügt ein standfester, großer Eimer. Um Verunreinigung durch Kot zu verhindern, können Sie den Eimer erhöht stellen. Das Aufhängen an der Wand ist ebenfalls eine Option. Für größere Herden sind Tränken sinnvoll, die direkt an einen Wasserhahn angeschlossen werden und in denen das Wasser ständig nachläuft, sobald etwas abgetrunken wurde. Tränken dagegen, die bei Druck gegen einen Hebel Wasser liefern – wie man sie bei Pferden oder Rindern kennt – sind übrigens nichts für Ziegen. Die kleinen Wiederkäuer können an ihnen nicht genügend Wasser aufnehmen.

Mit genügend Abstand zur Futterstelle vermeiden Sie, dass die Tränke verschmutzt wird.

So eingebettet in die Mistmatratze kann die Tränke nicht kippen.

Wer Kitze hat, sollte seine Ziegen so tränken, dass kein Wasser in den Stall zu den empfindlichen Jungtieren gelangen kann. Zudem dürfen die Wasserstellen weder so groß noch so tief sein, dass die Kitze hineingeraten könnten.

Bonusmaterial für Ziegenluxus

Für die Fütterung von frischen Leckereien können Sie einen separaten Trog aus Metall oder bissfestem Kunststoff anbringen. Feuchtes Futter im Trog unter der Raufe zu verabreichen ist keine gute Idee. Es verklebt sonst mit dem Heu, das Futter verdirbt leicht und alles lässt sich dann nur schwer wieder reinigen. Natürlich können Sie den Tieren das Frischfutter auch in einem Eimer oder ähnlichen Behältnissen anbieten.
Viele Ziegen mögen es, wenn sie sich so richtig an etwas schubbern können. Möchten Sie Ihren Vierbeinern hierbei entgegenkommen, dann bringen Sie in entsprechender Höhe Bürsten an. Sie sollten aus robustem Material bestehen, aber kein Verletzungsrisiko bergen.

Gehobener Schlafkomfort

Kein Muss, aber eine schöne Sache sind erhöhte Liegemöglichkeiten. Das mögen Ziegen besonders zum Schlafen und zum Wiederkäuen. Sie können breite Bretter verwenden, die Sie in etwa auf Körperhöhe der Ziegen an der Stallwand anbringen. Luxus pur erreichen Sie, wenn diese Schlafnischen höhenverstellbar sind und so mit der zunehmenden Mistmatratze „wachsen" können.
Alternativ können Sie Ihren Vierbeinern stabile, große Holzkisten zur Verfügung stellen, die sie mit der Öffnung nach unten platzieren. Kurz angehoben und leicht versetzt, bleiben sie auf der Mistschicht stets oben auf.

Gibt's jetzt was in den Trog?

Ab damit ins Beet. Die Pflanzen hier wachsen prächtig vom übrig gebliebenen Wasser der Tränke.

Eine gründliche Säuberung der Tränke ist wichtig, damit Ihre Tiere gesund bleiben.

Grünflächen unter freiem Himmel

Eine anständige Grünfläche mit leckeren Pflanzen darf in einem glücklichen Ziegenleben nicht fehlen. Je nachdem wie viel Platz Sie zur Verfügung haben, können Sie Ihre Tiere einfach weiden lassen oder entsprechend zufüttern.

» *Wir halten unsere beiden Zwergziegen auf etwa 80 Quadratmetern im Garten und füttern Grünschnitt und Heu zu. Das klappt ganz gut. Nur am Zugang, wo wir täglich entlangglaufen und die Tiere oft auf Leckereien warten, fehlt der Rasen.*

Willi

Damit das Ziegenareal grün bleibt, sollten Sie großzügig sein: mit der Fläche wie mit der Zufütterung.

Freiraum für Frischluftfans

Bei einer reinen Weidehaltung sollten Sie gute 1.000 Quadratmeter pro Ziege veranschlagen. Das hört sich zunächst nach einem riesigen Areal an, dabei entspricht das in etwa einem Wiesenstück von 30 auf 35 Metern. Wenn Sie zufüttern, kann diese Fläche ein ganzes Stück geringer sein. Sie sollten sie aber so groß bemessen, dass der Bewuchs nicht zerstört wird oder der Boden gar verschlammt. Denn dann fehlt den Ziegen nicht nur die Möglichkeit zu weiden, auch Sie wollen sicherlich keinen kargen oder matschigen Garten haben.

Gesunde Pflanzenmischung

Eine breite Artenvielfalt auf der Weide finden Ziegen viel besser als nur sattes Gras. Eine Mischung aus Kräutern, Gräsern und Leguminosen wie Klee, Lupinen und weiteren, wie sie auf eher mageren Böden zu finden ist, bietet ein ideales Nahrungsspektrum.
Bei Gräsern bevorzugen Ziegen die junge, zarte Form. Ein kurzer Rasen von etwa zehn bis fünfzehn Zentimetern Höhe ist für sie viel ansprechender als sehr hoher Bewuchs. Da Ziegen bei genügend Nahrungsangebot stets das leckerste Grün fressen, ist ein regelmäßiges Mähen von größeren Weiden sinnvoll. Sonst nehmen die verschmähten Pflanzen überhand.

Ob Weide oder Grünschnitt: Das Futter sollte unbedingt schadstofffrei sein.

Verschiedene Weideformen

Von einer Standweide spricht man, wenn die Tiere grundsätzlich dieselbe Fläche beweiden. Der Vorteil ist, dass alles fest installiert werden kann. Bei Standweiden kommt es auf die richtige Größe an: Ist sie zu klein, wird zu viel weggefressen und zertreten, der Boden kann verschlammen. Ist sie zu groß, kommen die Tiere mit dem Abfressen des Bewuchses nicht hinterher. Dadurch erreichen weniger beliebte Pflanzen die Samenreife und verbreiten sich zu Ungunsten der leckeren Kräuter. Regelmäßiges Mähen kann das verhindern.
Ein Nachteil ist, dass der Kot permanent auf dieselbe Fläche abgegeben wird. Dadurch können sich Parasiten und Bakterien leichter und schneller ausbreiten. Wenn Sie Ihre Ziegen im Garten auf kurzem Bewuchs halten, verhindern Sie dies, indem Sie den Kot regelmäßig entfernen.

Artenreiches Grünfutter bietet Abwechslung und viele Nährstoffe.

Bei der Umtriebsweide werden die Ziegen immer wieder auf ein neues Weidestück gebracht. Man kann eine große Wiese in mehrere Koppeln unterteilen oder die Tiere an verschiedene Standorte bringen. Rund acht solcher kleineren Weidestücke sollten idealerweise vorhanden sein.
Vorteile der Umtriebsweide sind, dass auf den kleineren Flächen auch weniger beliebte Pflanzen gefressen werden (müssen). Nach ein bis zehn Tagen kommen die Tiere auf die nächste Koppel.
Jede bereits beweidete Fläche sollte sechs bis acht Wochen ruhen, damit das Grün nachwachsen kann und der Kot zersetzt wird. Bei dieser Weideform ist das Parasitenrisiko deutlich geringer.
Die Portionsweide ist eine zeitaufwendige Weideform, die der Umtriebsweide ähnelt. Hierbei werden meist bewegliche Elektrozäune genutzt. Ein, zwei Mal am Tag werden diese versetzt, sodass die Ziegen ein neues Wiesenstück zur Verfügung haben. Hierdurch wird der Bewuchs optimal abgefressen, denn man kann gezielt bestimmen, über welche Fläche sich die Vierbeiner hermachen sollen. Der Parasitendruck ist bei der Portionsweide gering – ganz im Gegensatz allerdings zum Aufwand. Für die meisten Hobbyhalter kommt die Portionsweide sicherlich nicht in Frage.

Freiheit in sicherem Rahmen

Eine stabile Umzäunung ist das A und O. Nicht nur, um unerwünschte Gäste von den Ziegen fernzuhalten, sondern um die vierbeinigen Racker am Ausbüxen zu hindern. Die kleinen Dickschädel sind äußerst erfinderisch, wenn es darum geht, die Welt außerhalb der Weide zu erkunden.

Standfeste Ausbüx-Vermeidung

Wenn Sie Ihren Ziegen ein bestimmtes Areal dauerhaft zur Verfügung stellen, sind fest installierte Zäune aus Holz oder Draht eine gute Lösung. Sie sollten auf jeden Fall hoch genug sein, damit die Tiere nicht über sie springen können. Je kürzer die Abstände zwischen den Pfosten sind, desto stabiler wird der Zaun.

Die Hecke schützt zusätzlich und sieht hübsch aus – und scheint lecker zu sein.

Holzlatten und Drahtgitter sollten so kleine Zwischenräume haben, dass keines der Tiere seinen Kopf hindurch stecken kann. Materialien wie weichen Kunststoff gilt es zu vermeiden, da Ziegen vieles annagen. Berindete Holzpfosten dagegen sind – genau aus diesem Grund – völlig okay. Die Ziegen übernehmen gerne den „Kahlschlag“.

Lassen Sie die Pfosten ein Stück höher als den Zaun. Entpuppen sich Ihre Vierbeiner als Sprungtalente, können Sie noch weitere Latten anbringen.

Unter Strom

Elektrozäune bieten sich an, wenn Sie die Tiere auf unterschiedlichen Grünflächen weiden lassen möchten. Sie können nach Belieben aufgebaut werden und sind recht einfach zu transportieren. Falls Sie sich für diese Art der Weidebegrenzung interessieren, ist es empfehlenswert, sich mit einem Fachmann in Verbindung zu setzen. Je nach Tierart können unterschiedliche Elektrozäune, Stromstärken und Batterien geeignet sein.
Elektrozäune bringen etwas mehr Aufwand mit sich. Das Gras unter ihnen muss kurz gehalten werden, damit eine Erdung vermieden wird. Wer immer wieder neue Weiden

Doppelt sicher: Für hartnäckige Ausreißer verwendet mancher Halter gleich zwei Elektrozäune.

Genau deshalb sind geringe Zwischenräume und Stabilität beim Holzzaun wichtig.

abgrenzen möchte, muss sie ab- und aufbauen. Und neben den Anschaffungskosten entstehen Stromkosten. Wer diesen Aufwand nicht scheut, kann dafür die Weideflächen stets zum Vorteil der Tiere bestimmen.
Nachteile dieser Abgrenzung gibt es leider auch einige. Die Batterien oder Solarmodule werden gern gestohlen und sollten deshalb diebstahlsicher angebracht werden – übrigens immer außerhalb der Weide!
Hinzu kommt, dass Kinder und andere Zaungäste deutlich auf die Gefahr hingewiesen werden müssen. Außerdem sind Ihre Vierbeiner nicht dumm und werden schnell kapieren, wann Strom auf dem Zaun ist und wann nicht. Es soll sogar Ziegen geben, die rangniedere Tiere in den Zaun stoßen, um zu testen, ob sie gefahrlos ausbüxen können.

Weideausstattung

Falls Ihre Tiere nicht direkt vom Stall auf die Weide können, müssen sie dort einen sicheren Unterschlupf und permanent Zugang zu Wasser haben. Teiche oder Tümpel sind keine geeigneten Wasserquellen, weil an feuchten Standorten viele Krankheitserreger lauern. Sie können die Frischwasserzufuhr durch einen Wassertank gewährleisten, den Sie auf einem Hänger zur Weide bringen. Besonders komfortabel ist diese Variante, wenn Sie beides auf der Weide stehenlassen können. Dann müssen Sie nur noch die Tränke unter der Tanköffnung platzieren – fertig.
Ohne Unterstand können hellhäutige Tiere Sonnenbrand bekommen, vor allem an Ohren und Schnauze, wo das Fell kürzer ist.
Füttern Sie auf der Weide zu, ist es wichtig, dass die Futterraufe überdacht oder in den Unterstand integriert ist. Letzterer muss zumindest von drei Seiten geschlossen sein und einen trockenen Boden haben. Sehr praktisch sind portable Ställe, beispielsweise aus einem kleinen Bauwagen.

Mit so einem „Camping“-Stall geht's fix von Weide zu Weide.

Ausstattung für Zweibeiner

Richtig gelesen: für Sie. Damit Sie Ihre Ziegen ordentlich und bequem versorgen können, gehört das passende Equipment dazu. Mit einem Schweizer Taschenmesser kommen Sie nicht weit – fehlen sollte es trotzdem nicht.

Mit solchem Schuhwerk können Ihnen weder Matsch noch Mist etwas anhaben.

Gewappnet für den Alltag

Ein Messer, um die Schnüre der Ballen aufzuschneiden, festes Schuhwerk und Stallkleidung gehören zur Grundausstattung.
Wenn Sie einen unkastrierten Bock haben, empfehle ich Ihnen, die Stallkleidung separat aufzubewahren und zu waschen – idealerweise sogar in einer separaten Maschine. Ein paar Minuten im Wäschekorb genügen, und der strenge Geruch setzt sich hartnäckig überall fest.
Zangen und Sägen sollten keinesfalls fehlen. Egal wie standfest Zaun und Stall sein mögen: Unfälle können leider passieren – und auch von Dritten verursacht werden. Sie müssen jederzeit im Stande sein, ein Tier zu befreien, das sich verfangen hat.
Mistgabeln, Schaufeln, Besen, ein großer Korb sowie eine robuste Schubkarre gehören ebenfalls dazu. Ein Klauenschneider und eine Stallapotheke (siehe Seite 81) komplettieren das Equipment.
Wollen Sie Grünschnitt füttern, benötigen Sie eine Sense (klassisch oder elektrisch) sowie Rechen und Eimer zum Transportieren. Je nachdem wo und wie Sie Ihre Tiere halten, kann ein Anhänger nötig sein.

Große Tiere – großes Handwerkszeug.

Gut in Fahrt

Mit einem ordentlichen Anhänger lassen sich Mist, Heu- und Strohballen, Wassertanks und weitere Weideausstattung transportieren. Denken Sie auch an die Anhängerkupplung für Ihr Fahrzeug. Kleine Autoanhänger kosten neu zwischen 600 und 2.500 Euro. Das müssen Sie nicht zwangsläufig komplett auf den Tisch legen: Viele Verkäufer bieten günstige Finanzierungsmöglichkeiten an. Gebrauchte Modelle gibt es natürlich zu geringeren Preisen.

Mit dem normalen PKW-Führerschein dürfen Sie mit Anhängern bis 750 kg zG (zulässige Gesamtmasse) fahren.

Für den Ziegentransport sind normale PKW-Anhänger nur mit genügend hohem Aufbau und auf kurzen Strecken geeignet. Für größere Distanzen empfehlen sich Pferdeanhänger. Letztere sind sehr teuer in der Anschaffung. Wenn Sie nicht ohnehin einen besitzen, ist es günstiger, bei Bedarf einen zu leihen. Kleine Ziegen können in Hundeboxen im Auto oder in Hundeanhängern auf Reisen gehen.

Robuste Transportbehälter kann man nie genug haben.

Achten Sie beim Kauf von gebrauchten Anhängern auf deren Verkehrstauglichkeit.

Alltag mit Dickschädeln

Neben der Versorgung gibt es noch eine Menge großartiger Beschäftigungen, denen Sie mit Ihren Ziegen nachgehen können.

»
Jeder von uns verbringt täglich Zeit bei den Ziegen. Das erdet einen und gibt Schwung. Für die Kinder ist das natürlich traumhaft, weil sie sich mit den Ziegen richtig beschäftigen können.

Yvonne

Vielfresser und Leckermäuler

Das beißt sich? Keineswegs, denn Ziegen weiden nicht nur auf Grünflächen, sondern machen sich gern über Bäume und Sträucher her. Trotzdem haben Ziegen eine große Vorliebe für besonders schmackhafte Pflanzen oder ganz bestimmte Pflanzenteile.

Grüne Grundnahrung

Gräser, Kräuter und Leguminosen gehören zur Grundnahrung von Ziegen, die auf jeden Fall vorhanden sein muss. Ob Sie große Weideflächen anlegen und nur zur kälteren Jahreszeit beifüttern oder das ganze Jahr über Heu oder Grünschnitt zugeben möchten, bleibt Ihnen überlassen. Vor allem Hobbyhalter einer kleinen Garten-Ziegengruppe, die ohnehin viel Zeit mit ihren Tieren verbringen, werden sich für Letzteres interessieren.
Wichtig: Auch der Grünschnitt muss irgendwo herkommen. Falls Sie keine Wiesen für die Gewinnung zur Verfügung haben, können Sie mit ansässigen Landwirten sprechen. Auch einige Obstwiesenbesitzer sind dankbar, wenn jemand das Mähen für sie übernimmt.

Saftige Portionen: Wiederkäuer können ganz schön was verputzen.

Große Pflanzen – feine Leckerbissen

Die kleinen Paarhufer machen sich liebend gern über Büsche und Bäume her. Dabei haben sie es vorwiegend auf Blätter, kleine Zweige und die Rinde abgesehen. Solches Raufutter gehört zur natürlichen Ernährung von Ziegen. Deshalb sollten Sie Ihren Vierbeinern unbedingt auch solche Nahrung anbieten.
Eine ungeschützte Bepflanzung des Ziegenareals macht allerdings weniger Sinn, sonst haben Sie im Nu zerstörte Büsche und Bäume. Letztere können Sie leicht schützen, indem Sie rund um den Stamm eine Barriere anbringen. Eine gute Lösung sind außerdem Bäume, deren Äste nur teilweise in den Ziegenbereich hineinragen. So können die kleinen Vierbeiner frisch vom Baum fressen, ohne ihn gleich zu gefährden.
Natürlich können Sie auch Äste in den Freilauf legen, die Ihre Ziegen nach Herzenslust bearbeiten können. Kleinere Zweige können Sie aufhängen. Ihre Vierbeiner fressen solche Nahrung am liebsten im Stehen, weil das ihrem natürlichen Verhalten entgegenkommt. Auch Heckenschnitt ist ein beliebter Leckerbissen.

Saftiges aus dem Garten

Mit Wurzelfrüchten wie Rüben, Rote Beete und Karotten können Sie bei Ihren Ziegen punkten. Dieses Saftfutter bringt nicht nur Abwechslung in den Speiseplan. Es verhindert auch einen Eiweißüberschuss. Vor allem Karotten und Rote Beete sind für Jungtiere und tragende Ziegen ein wertvoller Futterzusatz. Außerdem beugen sie dem Wurmbefall vor. Auch Kernobst wird von vielen Ziegen gerne gefressen. Es sollte auf jeden Fall sauber, frisch und in mundgerechten Happen verabreicht werden. Ganze, knackfrische Äpfel oder Birnen sind für die kleinen Paarhufer häufig eine sehr große Herausforderung und werden nach einigen vergeblichen Bissversuchen eher liegengelassen.

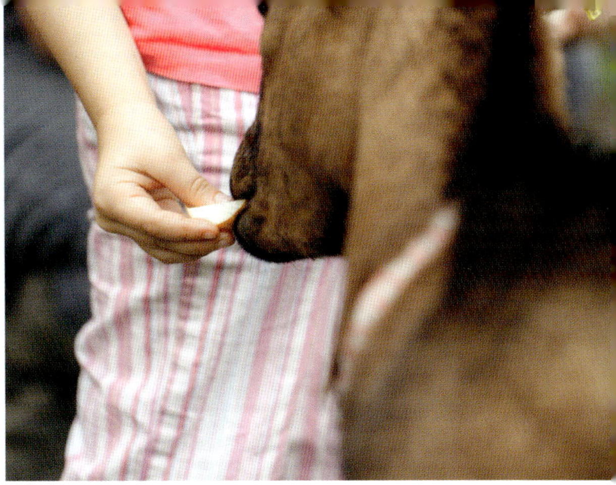

Zu einem frischen Apfelstückchen sagt Bärli nicht nein.

Lecker Leckstein

Über einen Mineral-Salz-Leckstein gewährleisten Sie, dass Ihre Ziegen genügend Mineralien und Spurenelemente zu sich nehmen. Sie können alternativ auch Mineralleckmasse in einer Schale anbieten. Beides finden die Tiere ausgesprochen lecker, da sie generell auf Salziges stehen. Sie müssen sich also keine Sorgen machen, dass sie davon zu wenig aufnehmen.

» *Anstrengend ist es, wenn die Ziegen einem vor den Füßen herumlaufen, wenn man eigentlich aus dem Auslauf hinaus will. Die wollen noch Popcorn und lassen mich deshalb nicht gehen.*

Anna

Verwöhn-Futter

Ziegen sind unglaubliche Leckermäuler. Zum Glück – denn gerade durch die Gabe von besonderem Zusatzfutter können Sie schnell ein vertrauensvolles Verhältnis zu ihnen aufbauen. Neben genannten Früchten stehen die kleinen Paarhufer total auf „Pop“: Popcorn und Reiscracker sind für Ziegen schlichtweg der Renner! Natürlich sollten diese Belohnungshappen stets zuckerfrei und ungewürzt sein – und eine Besonderheit im Speiseplan bleiben. Frische Wiesenpflanzen oder Baumzweige, die nicht ständig zugänglich sind, werden auch gerne genommen. Ganz vorne mit dabei ist alles was „kratzt und beißt“: Brennnesseln, Disteln, Brombeeren, Tannenzweige und so weiter.
Brot sollten Sie nicht verfüttern. Der Verdauungstrakt von Wiederkäuern ist nicht auf solche aufgeschlossenen Kohlenhydratformen ausgerichtet. Vor allem größere Mengen können extrem schädigend sein.

Wichtig: Brot ist kein Ziegenfutter – auch nicht in der trockenen Form!

Saisonale Speisekarte

Im Gegensatz zu vielen anderen Haustieren orientiert sich der Speiseplan von Ziegen stark an der Saison. Vor allem in der kalten Jahreszeit, wenn die Wiesen nicht viel hergeben, ist Heu eine unerlässliche Grundlage der Fütterung.

Sommerfutter satt

Die Fütterung von Wiesenschnitt ist eine gute Alternative zur reinen Weidehaltung. Auch hier sollte der Wiesenbewuchs möglichst vielfältig sein – eben wie auf der Weide (siehe Seite 42). Für eine kleine Ziegengruppe genügt es schon, jeden Tag ein paar Quadratmeter zu schneiden. Dabei sollte der Bewuchs zumindest 15 Zentimeter hoch sein, aber nicht übermäßig wuchern. Zu junge Pflanzenteile enthalten zu viel Protein, zu reife Pflanzen werden nicht gerne verspeist.

» *Wir haben ein ziemlich langes Grundstück. Da fangen wir vorne an mit der Sense wegzunehmen. Wenn wir hinten angelangt sind, ist der Bewuchs am anderen Ende wieder hoch genug.*

Willi

Wiederkäuer sollten stets Zugang zu Futter haben.

Scharfe Sache: Sensen benötigen keinen Strom und genügen für kleine Schnittflächen vollauf.

Rasenmäher, die das Grünzeug zerkleinern, eigenen sich weniger zum Schneiden, Sie bekommen damit nur eine matschige, grüne Pampe. In Baumärkten gibt es praktische Handmähgeräte. Auch Sensen eignen sich hervorragend, bedürfen aber ein wenig Übung in der Handhabung.

Trockenversion vom Wiesenschnitt

Die bequemste und für Anfänger sicherste Version der Heuversorgung ist es, das Heu einfach zu kaufen. Damit können Sie nicht viel falsch machen und ersparen sich das aufwendige Trocknungsverfahren.
Mit Tütenversionen, wie sie im Supermarkt für Nager angeboten werden, kommen Sie aber

Der Bewuchs sollte möglichst tief gekappt werden, ohne die Grasnarbe zu verletzen.

nicht weit. Am besten erkundigen Sie sich bei einem Ziegenzüchter oder Verein in Ihrer Region nach Bezugsquellen. Häufig sind Landwirte bereit, Heu zu verkaufen. Gute Reitställe beziehen große Mengen von hochwertigem Heu. Vielleicht finden Sie dort eine Quelle. Auch im Internet werden Heu und Stroh angeboten. Auf der Seite www.heu-stroh-boerse.de können Sie Anbieter aus Ihrer Region ausfindig machen. Mit etwas Glück finden Sie hier sogar jemanden, der kleine Mengen abgibt. Wichtig: Kümmern Sie sich rechtzeitig um einen Wintervorrat. Die Angebote können sonst knapp werden, übermäßig teuer oder von schlechter Qualität (siehe nächster Abschnitt).

Lassen Sie sich nicht übers Ohr hauen: Ein kleiner Heuballen von rund 10 kg kostet zwischen zwei und drei Euro.

Heu deluxe

Heu ist nicht gleich Heu. Ganz entscheidend ist der Schnittzeitpunkt, das heißt: In welchem Wachstumsstadium die Pflanzen waren, als gemäht wurde. Generell lässt sich für Ziegen sagen: Je früher der Schnitt, desto lieber werden sie das Heu fressen – und desto besser können die Tiere es verwerten.

Wenn Sie morgens und abends Heu füttern, sollten die Tiere jeweils zwei Stunden davon fressen können. Ist es früher leer, war's zu wenig. Ist noch viel übrig, können Sie die Menge reduzieren.

Gutes Heu zeichnet sich durch einen aromatischen Geruch aus. Die einzelnen Pflanzenbestandteile (Blätter, Halme, Blüten) sind deutlich erkennbar. Es weist weder feuchte noch schimmelige Stellen auf, birgt keine Fremdkörper und hat eine grünlich graue Farbe.

Braunes Heu, das eventuell sogar verbrannt oder tabakähnlich riecht, wurde bei der Trocknung zu stark erhitzt und hat einen schlechten Nährwert. Heu, das staubt, muffig riecht oder gar Schimmel aufweist, sollte auf keinen Fall verfüttert werden.

Falls Sie unsicher sind, geben Sie lieber mehr Heu als zu wenig. Dick werden können Ziegen nur durch das falsche Futter.

Angaben zu sehr gutem Heu:

- erster Schnitt
- frei von JKK (Jakobskreuzkraut)
- unbehandelt und ungedüngt
- staubarm
- scheunengelagert

Besonders bei sehr kurzem und jungem Bewuchs der Grünfläche, muss zusätzlich ordentlich Raufutter gegeben werden.

Sachte umgewöhnen

Natürlich können Sie das ganze Jahr über Heu verfüttern. Diese Methode ist nicht nur praktisch, weil sich die Ballen gut lagern lassen. Sie gewährleisten damit die ständige Aufnahme von Raufutter, was für die kleinen Wiederkäuer sehr wichtig ist. Zudem wird die Umstellung von winterlichem Heu auf sommerliches Weidegrün (und umgekehrt) einfacher. Auf beides muss sich die Verdauung nämlich erst einmal einstellen.
Vor allem im Frühjahr, wenn der Bewuchs noch jung und zart ist, enthalten die Pflanzen zu wenig Ballaststoffe, dafür aber eine Menge Eiweiß. Deshalb ist es sehr ratsam, die Tiere beim ersten Weidegang nur einige Minuten grasen zu lassen, die folgenden Tage jeweils eine halbe Stunde, dann Schritt für Schritt länger. Ihre Verdauung muss unbedingt sachte an das neue, zartere Futter gewöhnt werden, damit keine Beschwerden oder gar Koliken auftreten.
Die Umstellung auf die Heufütterung im Winter sollten Sie ebenfalls nicht abrupt vornehmen. Halten Sie reine Weidetiere, füttern Sie peu à peu Heu zu. Wird Letzteres ohnehin verabreicht und Sie geben im Sommer Grünschnitt, können Sie die Frischfutterrationen langsam verringern und die Heugaben entsprechend steigern.

Das schmeckt. Sie können ruhig das ganze Jahr über Heu füttern.

Spielareale für Kletterkünstler

Is' ja wohl der Gipfel!

Hoch hinaus wollen Ziegen ohnehin immer. Da bietet es sich an, den agilen Vierbeinern eine kleine alpine Kulisse zu erstellen. Ein Haufen rutschfester Steine wird nicht nur ein beliebter „Spielplatz" für Ihre Ziegen sein – sondern ihren Kletterkünsten auch einen optisch schönen Hintergrund liefern.

Die kippen nicht so leicht aus den Latschen

Balance zu halten ist für Ziegen ein Kinderspiel. Wippen werden deshalb gerne als Herausforderung genommen. Einfach ein langes, stabiles Brett auf einem Baumstamm befestigen – und schon kann's losgehen. Anna und Klara haben Ihren Ziegen sogar schon beigebracht, für Leckerli über die bewegliche Brücke zu laufen.

Reck dich, streck dich

Um an Leckereien zu gelangen, veranstalten Ziegen die größten Verrenkungen. Befindet sich ein Zweig oder Ast in solcher Höhe, dass die Vierbeiner nur mit etwas Geschick drankommen, werden Sie viel Spaß beim Beobachten haben.

Super-Schubber-Stellen

Ziegen schubbern sich gern zur Fellpflege. Sie können solche Kratzmöglichkeiten ganz einfach selbst herstellen, indem Sie passende Holzbalken tief in den Boden schlagen. Bei Bärli (unten) muss der Baum dafür herhalten – Gebrauchsspuren unvermeidlich.

Ausgebuffte Akrobaten

Alle Klettermöglichkeiten sollten Sie mit genügend Abstand zum Zaun oder zum Stall platzieren. Die gewieften Akrobaten steigen Ihnen sonst wortwörtlich aufs Dach oder machen sich aus dem Gatter.

Fein rausgeputzt

Verstaubt und verdreckt sollte das Ziegen-Zuhause natürlich nicht sein. Aber so viel Aufwand, wie manch einer glauben mag, ist für die Stallpflege gar nicht nötig. Eine Portion Kraft sollten Sie allerdings mitbringen, wenn's an Werk geht.

Mistmatratzen wärmen gut

Sie müssen nicht täglich mit der Schaufel durchgehen und den Kot Ihrer Vierbeiner entfernen. Ganz im Gegenteil. Wer regelmäßig einstreut und den Tieren genügend Heu anbietet, hat monatelang Ruhe vor dem Ausmisten. Das festgetretene Gemisch aus Stroh, Kot und fallengelassenem Heu bildet eine weiche und wärmende Unterlage, die langsam und stetig wächst. Dabei findet in den unteren Schichten eine Zersetzung statt, die schon von vornherein dafür sorgt, dass aus dem Ganzen sehr guter Dünger wird, den Sie später wunderbar für Ihren Garten nutzen können.

Jetzt geht's ans Eingemachte: Rein in die Gummistiefel, raus mit dem Mist.

Haben Ihre Ziegen genügend Raum zur Verfügung, stimmt die Luftzufuhr und streuen Sie regelmäßig nach, müssen Sie sich über Geruchsbelästigung keine Sorgen machen.

Ausmistzeit gleich Krafttraining

Bequem ist das „Wachsen lassen" einer Mistmatratze zwar, dafür erfordert die komplette Entfernung einiges an Power. „Einen ganzen Nachmittag muss ich schon einkalkulieren", sagt Willi, der wirklich ordentlich anpacken kann. „Wir haben zwei Zwergziegen und einen Stall von etwa drei auf drei Meter. Einmal im Jahr kommt der Mist raus. Und der ist dann so richtig festgetreten."
Wer weniger kräftig ist, kann natürlich kürzere Abstände beim Ausmisten wählen. Wie schnell die Einstreu wächst und wie fest sie wird, hängt von mehreren Faktoren ab: Stallgröße, Tierzahl und Zeit, die die Vierbeiner im Stall verbringen, sowie Menge an nachgestreutem Stroh. Deshalb lässt sich keine generelle

» *Das ist Knochenarbeit, wenn man den Mist mühsam rausstechen muss – Schicht für Schicht.*

Willi

Glück hat, wer ein Grundstück besitzt, auf dem er den Mist kompostieren kann.

Die festgetretenen Mistschichten müssen mit Schmackes entfernt werden.

Angabe zum passenden Zeitpunkt des Ausmistens machen. Ein grober Richtwert: Mindestens einmal jährlich und wenn die Matratze zwanzig Zentimeter hoch ist, sollte komplett ausgemistet werden.

Haufenweise guter Dünger

Bei einem festgetretenen Einstreu-Kot-Gemisch kommt schon in einem kleinen Stall nach einem halben Jahr locker ein Anhänger voll Mist zusammen. Der muss natürlich entsorgt werden. Ideal ist es, wenn Sie ein Grundstück besitzen, auf dem die Lagerung erlaubt ist. Kompostierter Ziegenmist ist nämlich ein exzellenter Dünger.
Alternativ können Sie bei Landwirten in der Region nachfragen, ob Sie den Mist dort abliefern können. Für große Betriebe macht eine kleine Wagenladung mehr oft keinen Unterschied. Ansonsten bleibt noch die Möglichkeit, den Stall öfter zu reinigen und das Ganze in kleineren Portionen zu kompostieren, die dadurch schneller verwendbar werden. Wenn Sie genügend Bekannte haben, die sich über Dünger für ihren Garten freuen: Nur zu! Es wird in jedem Fall eine große Menge davon anfallen.

Richtig reines Stallklima

Mist ist immer ein Nährboden für Bakterien. Es gibt natürlich viele mikroskopische Winzlinge, die günstig sind, weil sie für die Zersetzung von Kot und Urin sorgen. Aber auch Bakterien und Krankheitserreger mit negativen Eigenschaften können sich in solchem Klima ausbreiten.
Um zu verhindern, dass bereits bestehende Schädlinge in die neue Einstreu übertragen werden, sollten Sie beim Ausmisten gründlich sein. Reinigen Sie auch Ecken und Ritzen, in denen sich Mist angesammelt hat. Je nach Boden können Sie den Stall ordentlich mit Wasser ausspritzen. Hierfür ist Betonboden am besten geeignet.
Im Fachhandel erhalten Sie spezielles Stalldesinfektionsmittel, das Sie auf Risikostellen ausbringen können.

Frisches Stroh und Kuschelecken

Größere Mengen Stroh benötigen Sie nur, wenn Sie den gereinigten Stall frisch einstreuen. Ansonsten genügen kleine Mengen vollauf. Vor allem, weil die Ziegen meist viel Heu aus der Raufe ziehen und damit von selbst schon recht gut für neue Einstreu sorgen.

Goldrichtige Einstreu

Ziegen mögen weichen Untergrund im Stall. Auch wenn die Kletterkünstler in freier Natur häufig in unwegsamem Gelände und Gebirgsregionen unterwegs sind, sollten sie niemals auf Beton oder ähnlich hartem Untergrund stehen. Die gleichbleibende Belastung kann die Klauen schädigen. Zudem sollten Kot und Urin gut einsickern und sich mit der Einstreu vermischen, damit die Tiere sauber und gesund bleiben. Der Schlafkomfort ist auf einer weichen Unterlage sowieso viel größer.

» *Meine Oma sagte immer: Wenn ich mir keine Kuh mehr halten kann … eine Ziege kommt mir nicht ins Haus. Der schleppe ich das Futter nicht heim, damit sie darauf herumtrampelt.*

Willi

Mäßiges Nachstreuen genügt vollkommen …

… die Schlawiner ziehen nämlich genügend Heu aus der Raufe, um sich's gemütlich zu machen.

Nachstreuen in kleinen Portionen

Am besten streuen Sie mäßig und nach Bedarf nach. Der Boden sollte trocken bleiben und den Ziegen saubere Liegeplätze bieten. Wenn Ihre Schuhe hinterher voller Mist kleben, war's zu wenig. Sind sie lupenrein sauber, meinen Sie's außerordentlich gut mit Ihren Vierbeinern. Sie werden selbst sehr schnell merken, welche Menge die richtige ist.

» *Weil bei uns im Stall viel Luft ist, riecht es eigentlich nach Heu und Stroh. Das hat mein Papa echt gut gemacht.*

Anna

Wenn Sie frisch einstreuen, sollte der Boden komplett bedeckt sein.

Umgang mit den Vierbeinern

Ziegen werden bei häufigem Kontakt mit Menschen richtig zutraulich und können enge Bindungen zu ihnen aufbauen. Außerdem sind die kleinen Dickschädel ziemlich schlau, veräppeln einen gerne und lernen sogar kleine Kunststücke.

Mit Leckerli werden die neugierigen Vierbeiner schnell zutraulich.

Witzbolde und Lauser

Im Gegensatz zu Schafen verblasst bei erwachsenen Ziegen der Spieltrieb nie ganz. Vor allem, wenn Jungtiere mit in der Herde sind, lassen sich auch ältere Kaliber ganz gerne zu Kapriolen hinreißen.
Dabei werden sich die frechen Vierbeiner nicht auf ihresgleichen beschränken: Ziegen werden Sie genauso auf die Schippe nehmen! Dabei sind sie sehr erfinderisch und trickreich. Doch genau das macht ja einen großen Teil des Spaßfaktors aus.

Das Wort Kapriolen kommt vom lateinischen Begriff capriola, was „Bocksprung" bedeutet.

Vertrauen schaffen

Damit Ihre Ziegen und Sie entspannt miteinander umgehen, ist eine gesunde Vertrauensbasis das A und O. Bewegen Sie sich ruhig, locken Sie die Tiere mit schmackhaftem Futter und lassen Sie sie auf sich zukommen. Ihre Ziegen werden schnell lernen, dass Ihre Anwesenheit etwas Positives bedeutet.
Auf dieser Grundlage lässt sich alles Weitere aufbauen. Das gilt gleichermaßen für das Beibringen von Kunststückchen wie die Durchsetzung gegenüber aufmüpfigen Tieren.

Erziehung von Dickschädeln

Blöd sind Ziegen beileibe nicht. Genau deshalb können – und sollen! – Sie Ihre Vierbeiner erziehen. Ziegen lernen schnell verschiedene Begriffe mit bestimmten Dingen zu verbinden, wobei es dabei mehr auf die Stimmfarbe denn das Wort an sich ankommt. Verwenden Sie beispielsweise stets den gleichen Lockruf oder Pfiff beim Füttern, geht das den kleinen Leckermäulern ganz schnell in den Dickkopf. Genauso verhält es sich mit negativem Verhalten, das aberzogen werden soll. Wenn Sie

dieses konsequent auf dieselbe Art bestrafen, lernen Ihre Ziegen schnell, dass auf eine „Untat“ etwas Negatives folgt.
Natürlich sollten Sie den Tieren niemals wehtun oder sie verängstigen. Wenn ein forsches „Nein“ nicht ausreicht, kann ein beherzter Stoß nötig sein. Auf diese Weise unterbinden auch Ziegen untereinander, was unerwünscht ist. Für weniger kräftige Halter können Wasserpistolen sehr dienlich sein.

Die Oberhand behalten

Ziegen haben eine sehr klare Hierarchie und geben durch ihre Körpersprache deutlich zu verstehen, wer dominant und wer unterwürfig ist. Damit Sie sich nicht versehentlich unterwerfen, sondern die Oberhand behalten, hier ein paar Tipps:
Gehen Sie Ihren Ziegen nie aus dem Weg. Wer dem anderen Platz macht, ist der Schwächere. Geben Sie auch nicht klein bei, wenn eine Ziege stehenbleibt, obwohl sie weitergehen soll, beispielsweise beim Treiben in den Stall oder schlichtweg, weil sie Ihnen im Weg steht. Zu den Rangkämpfen gehört das Steigen, was keine Ziege Menschen gegenüber tun sollte. Achten Sie schon bei jungen Tieren darauf, dass alle Beteiligten die „Zweibeiner“ konsequent auf alle Viere runter drücken. Bei den Kleinen wirkt das Hinstellen zwar putzig und verspielt. Aber bei ausgewachsenen Tieren kann es ganz schön unangenehm werden.

Die beiden kennen Annas Lockruf und kommen sofort an.

Kuscheln mit Köpfchen

Viele Ziegen mögen ordentliche Streicheleinheiten. Sind sie zutraulich geworden und erst einmal auf den Geschmack gekommen, lassen sie sich gerne kraulen. Es gibt Ziegen, die einen regelrecht dazu auffordern, indem sie einen anstoßen oder sich „massagegerecht" positionieren.
Beim Anstoßen sollten Sie darauf achten, dass es sanft bleibt. Gröbere Kopfnüsse können unter Umständen auf Rangkämpfe hinauslaufen, wenn Sie nicht gleich klarmachen, wo die Grenzen liegen.
Streicheleinheiten an Brust und Schultern mögen die meisten Ziegen. Es gibt auch echte Schmusefans, die sich gerne den ganzen Rücken oder den Hals massieren lassen. Was Ihre Vierbeiner am liebsten mögen, werden Sie schnell merken. Die kleinen Schlitzohren können ihre Vorlieben sehr deutlich zeigen.
Viele Ziegen lassen sich zudem gerne striegeln oder bürsten. Das fördert nicht nur ihr Wohlbefinden, sondern schützt gleichzeitig vor Ungeziefer. Außerdem ist es gut, wenn Ihre Vierbeiner daran gewöhnt sind. So lassen sie sich leichter von Schmutz befreien, falls das mal nötig sein sollte.

Zirkusnummern für Zaungäste

Richtig leckere Belohnungshappen, eine Portion Geduld und eine gut aufgelegt Ziege sind die besten Voraussetzungen für das Erlernen von kleinen Kunststücken. Sie können Ihren Meckermäulern beibringen, über ein Stöckchen zu springen oder auf Kommando irgendwo hochzuklettern.
Grundlegend gilt: Je eher die Nummer dem Verhalten entspricht, das Ihre Ziegen ohnehin gerne an den Tag legen, desto größer sind die Chancen, dass sie gelingt. Besonders talentierte Ziegen können lernen, durch einen Reifen zu springen, über Wippen zu gehen oder Slalom zu laufen. Einige Meckermäuler geben sogar „Pfötchen". Und – kein Witz – es gibt Agility-Ziegen, die sogar Hindernis-Parcours meistern! Wenn das mal keine sportliche Leistung ist (siehe Seite 67).

Striegeln hält das Fell sauber und fördert die Durchblutung.

»

Am liebsten lassen wir unsere Ziegen über ein Stöckchen springen. Da locken wir sie mit Popcorn. Das haben die ganz schnell gelernt. Das macht voll Spaß!

Anna und Klara

Achten Sie besonders bei kleinen Kindern darauf, dass die Ziegen sie respektieren.

So kommt Bewegung ins Spiel

Vierbeinige Wanderer

Mit gut erzogenen Ziegen können Sie spazieren gehen. Dabei müssen Sie sich nicht auf die umliegende Umgebung beschränken. Viele Ziegenbegeisterte treffen sich, um gemeinsam mit ihren Vierbeinern auf Wanderschaft zu gehen oder an Trekkingtouren teilzunehmen. Internetseiten hierzu finden Sie im Anhang.

Mit ein wenig Geduld und Einfühlungsvermögen gewöhnen Sie Ihre Ziegen schnell an die Leine.

Freigang in Wald und Flur ist was Feines. In sicherer Umgebung können gut erzogene Tiere sogar ohne Leine mitlaufen.

Hier schmeckt's und niemand muss sich aufregen. Achten Sie bitte darauf, dass sich Ihre Tiere nur dort gütlich tun, wo's angebracht ist.

Ideenreicher Freizeitspaß

Wer sich intensiv mit seinen Tieren beschäftigt, kann einer Vielzahl an Hobbys und unterhaltsamen Beschäftigungen nachgehen. Ob Hindernis-Parcours im Garten oder „Ziegenburger“ Schlittenfahrt: Die Dickschädel sind geniale Freizeittiere.

Zugziegen mal anders: Das sieht doch nach Spaß aus.

Slalom, Hürden, Röhren: Alles kein Problem für die kleine Sportskanone.

Besonderes rund um die Ziege

Es wird auch Situationen geben, die von der Routine abweichen: Sei es, dass Nachwuchs ansteht, der Klauenschnitt fällig wird oder eine Tierarztbehandlung nötig ist.

» Ausnahmesituationen kommen vor. Das ist ja völlig normal – bei jeder Form der Tierhaltung. Wenn sie schön sind, ist's natürlich am besten.

Willi

So klein und meckert schon

Ziegenbabys sind schlichtweg goldig. Sie sehen hübsch aus, ihre Spielereien sind herrlich anzuschauen und ihr Meckern klingt herzerweichend. Doch zum Nachwuchs gehört Arbeit, Vorsorge und der Blick für eine gute Zukunft.

Komfort für werdende Ziegenmütter

Ziegen tragen rund 150 Tage, Zwergziegen eine Woche weniger. Da die Geburt möglichst in ruhigem Umfeld stattfinden sollte, ist es ratsam, die werdende Mutter etwa eine Woche vor dem Geburtstermin in eine Ablammbox zu bringen. Die Einstreu sollte auf jeden Fall frisch und sauber sein. Tränken und Futter dürfen keine Gefahr für die Lämmer darstellen. Bewegung ist der Mutter aber sehr zuträglich, weil sie die Muskeln stärkt und sich positiv auf den Geburtsvorgang auswirkt, weshalb auch hochträchtige Tiere ordentlich „Freigang" haben sollten. Zudem ist ein ausgewogenes Futter während der Tragzeit wichtig. Bei „zu gut" gemeinten Futterrationen jedoch können sehr große Lämmer entstehen. Entsprechend schwer wird die Geburt.

Damit Ziegenkinder gesund zur Welt kommen, muss die Vorbereitung auf den Nachwuchs stimmen.

Sind Sie Neuling auf dem Gebiet der „Ziegenentbindung", sollten Sie sich unbedingt gründlich darauf vorbereiten und von einer erfahrenen Person unterstützen lassen.

Checkliste für den großen Tag

Neben der genannten Ablammbox sind auch die Bereitstellung von Kolostralmilch oder Milchaustauscher sowie einer Nuckelflasche wichtig. Denn falls die Ziegenmutter ihren Nachwuchs nicht annehmen sollte, müssen Sie ihm die Milch verabreichen können. Zudem müssen Sie dafür sorgen, dass alle Utensilien für die Geburtshilfe vorhanden sind: Gummihandschuhe, Gleit- und Desinfektionsmittel sowie Wasser, Seife und Schere gehören zur Minimalausstattung. Die Telefonnummer des Tierarztes muss griffbereit sein – und der Handyakku aufgeladen, versteht sich.
Für sehr kleine oder schwache Kitze können Wärmelampen in den ersten Stunden entscheidend sein. Ideal ist es, wenn Sie zusätzlich eine Waage parat haben und alle relevanten Daten notieren.

Geburt der Ziegenkinder

Ab einem Zeitpunkt von vier Wochen vor der Geburt, wird das Euter fester. Kurz vor dem großen Tag schwillt die Scham an und Schleim tritt aus. Manchmal kommt es schon Stunden später zur Geburt, andere Tiere zeigen diese Zeichen über Tage, bevor es richtig losgeht. Normalerweise laufen die Ziegen kurz vor der Geburt hin und her, um die Wehen zu fördern. Manche Ziegenmütter geben dem Schmerz in entsprechenden Lauten Ausdruck, andere bleiben ganz still.

Ziegengeburten können sehr unterschiedlich verlaufen. Bei manchen kommen die Lämmer ganz fix, und ehe man realisiert, was man gerade miterlebt hat, wird das Kleine schon von Mama abgeschleckt. Andere Geburten ziehen sich über Stunden hin.

Fehllagen können, genau wie bei uns Menschen, zu Komplikationen führen. Erfahrene Geburtshelfer können die Kleinen auf ihrem Weg nach draußen in die richtige Position bringen. Das kostet übrigens mehr Kraft, als man meinen möchte, und sollte behutsam durchgeführt werden.

Ist das Lamm eine Stunde nach Erscheinen der Fruchtblase noch nicht draußen, muss sofort ein Tierarzt gerufen werden. Laien sollten ihn sicherheitshalber schon früher kontaktieren.

Liegt die Nabelschnur um den Hals des Lämmchens, ist Vorsicht und der Anruf beim Tierarzt geraten! Kitze kommen normalerweise mit Vorderläufen und auf- oder zwischenliegendem Kopf voran. Eine hellrosa Zunge ist ein gutes Zeichen – abgesehen von Rassen mit farbigen Zungen, versteht sich. Sobald sie bläulich anläuft, muss es schnell gehen. Im Notfall müssen Sie nach Anweisung des Tierarztes ran. Und dann heißt es: Stark und ruhig bleiben. In jedem Fall am besten ist ein erfahrener Geburtshelfer. Ach, übrigens: Die meisten Kitze kommen nachts – auch da sollte der Routinier abrufbar sein.

Werden mehrere Lämmer geboren, kommen sie normalerweise in einem Abstand von zehn bis zwanzig Minuten. Die Mutter braucht unbedingt frisches Wasser, um ihren Flüssigkeitsverlust auszugleichen.

Der Idealfall: Diese Burenziege kümmert sich sofort nach der Geburt um ihren Nachwuchs. Wenn alles gut läuft, stehen die Kitze schon nach einer halben Stunde auf den Beinen und trinken.

Hallo Welt!

Normalerweise leckt die Mutter ihren Nachwuchs nach der Geburt erst einmal gründlich ab. Das ist sehr wichtig, weil es den Kreislauf der Kleinen anregt, das Fell trocknet und die Bindung zwischen Mutter und Nachwuchs gestärkt. Vor allem erstgebärende Ziegenmütter wissen manchmal nicht so recht, was sie mit dem Wesen anfangen sollen, das sie gerade zur Welt gebracht haben. Dann müssen Sie eingreifen. Aber bitte nicht abschlecken! Ein Abreiben mit sauberem Stroh ist die bessere Alternative.

Nach nur einer halben Stunde stehen gesunde, kräftige Kitze – wenn auch recht wackelig – auf den Beinen. Doch Sie als Halter sind weiter gefragt: Die Nabelschnur reißt in der Regel von selbst ab. Ihr Ende sollten Sie in Jodtinktur tunken, damit keine Keime ins Jungtier gelangen können. Etwa zwei Stunden nach der Geburt sollte die Nachgeburt abgehen, die Sie aus dem Stall entfernen.

Stellen Sie sicher, dass der Nachwuchs gut säugen kann. Manchmal sind sogenannte Zitzenpfropfen ein Saughindernis für die Kleinen. Am besten melken Sie beide Zitzen kurz an. Es ist äußerst wichtig, dass die Lämmer möglichst früh nach der Geburt die sogenannte Kolostralmilch trinken, die nur 24 Stunden vorhanden ist. Sie hat einen besonderen Nährwert und enthält lebenswichtige Antikörper. Aus diesem Grund sollten Sie eine Notreserve dieser wertvollen Erstmilch haben.

Eine enge Bindung zwischen Mutter und Nachwuchs ist der Idealfall.

Einfach herrlich anzuschauen: Zicklein beim Herumtollen.

Ganz fix auf den Beinen

Haben Mutter und Nachwuchs eine gute Bindung zueinander aufgebaut, können sie schon nach drei Tagen aus der Box und zurück zur Gruppe. Sind dort noch andere Lämmer, werden Sie ein tolles Schauspiel der Begegnung der kleinen Racker beobachten. Der Zuwachs wird beschnuppert, rundum angeschaut und oft machen die älteren Kitze animierende Bewegungen und Sprünge. Los, spiel' mit, sieht in der Ziegensprache einfach grandios aus. Und los geht's auch schon. Ziegenbabys tollen herum, erkunden die Welt voller Neugierde, gesunder Scheu und Freude an schönen Entdeckungen. Allein ein herumliegender Ast, der erklommen wird, kann wahres Ziegenglück sein. Dass man den kleinen Rackern ihre Begeisterung richtig ansieht, steckt jeden definitiv mit Freude an.

Von der Milch zum Grünzeug

Lämmer probieren ganz schnell, was schmeckt und gucken sich von den „Großen" ab, wie die das mit dem Fressen machen. Bleiben die Kleinen bei der Mutter, saugen sie bis zu fünf Monate lang, bevor sie sich ganz auf „Erwachsenen"-Nahrung konzentrieren. Wollen Sie Ihre Lämmer in jüngerem Alter schon abgeben, ist es wichtig, sie früh genug an normales Ziegenfutter zu gewöhnen.
Damit die Kleinen genügend Heu und Grünzeug abbekommen, können Sie ein separates Lämmerareal mit kleinem Zugang einrichten, durch den nur die jungen Tiere passen.

Zehn bis zwölf Wochen lang sollten die Jungtiere auf jeden Fall Milch bekommen.

Wollen Sie die Lämmer früher von den Müttern trennen, beispielsweise weil Sie für Ihren Bedarf melken möchten, sollte der räumliche Abstand so groß sein, dass die Tiere sich nicht gegenseitig wahrnehmen. Ansonsten würde das den Schmerz über die Trennung verstärken, die ohnehin sehr schwer sein kann.

Böcklein besser kastrieren

Wenn keine Zucht im großen Stil angestrebt wird, ist die Kastration von Böcken absolut sinnvoll. Erstens riechen unkastrierte Böcke sehr streng, zweitens vermeiden Sie so ungewollten Nachwuchs und Inzucht.
Häufig liest man, dass eine frühe Kastration sinnvoll sei. Doch diese Annahme wird mittlerweile immer heftiger dementiert. Die einzigen Gründe, die für eine frühe Kastration sprechen, sind: Ein geschulter Halter darf sie bei sehr jungen Tieren eigenständig durchführen und die damit verbundenen Schmerzen sind geringer. Ersteres basiert also auf rein wirtschaftlichen Gedanken. Letzteres hat in Anbetracht dessen, dass es sehr gute Betäubungsmethoden gibt, recht wenig Gewicht.
Studien haben mittlerweile belegt: Böcke, die nicht pubertieren können, werden in ihrer körperlichen Entwicklung eingeschränkt, sind anfälliger für bestimmte Krankheiten. Auch zeigen sie vermehrt psychische Probleme und werden von anderen Tieren oft ausgestoßen. Es ist also sehr sinnvoll, mit der Kastration bis zur Vollendung der Pubertät zu warten. Für das Tier ist eine Behandlung am wenigsten mit Schmerzen verbunden, wenn neben der örtlichen Betäubung auch eine Narkose vorgenommen wird. Sprechen Sie mit Ihrem Tierarzt über die Art der Kastration. Je nach Alter können unterschiedliche Eingriffe von Vorteil sein.

Wenn Sie die Jungtiere abgeben möchten, bringen Sie das Ihren Kindern frühzeitig bei – am besten noch bevor die Kitze überhaupt da sind.

Neue Besitzer gesucht

Wollen oder können Sie die Jungtiere nicht behalten, gilt es, passende neue Besitzer zu finden. Vielleicht haben Sie ja in der Bekanntschaft Ziegenfans, die den Nachwuchs übernehmen wollen.
Am sinnvollsten ist es, schon vor dem Beschluss, eine Ziege decken zu lassen, Erkundigungen anzustellen. Gerade wenn zwei oder mehr Tiere Nachwuchs bekommen, kann es mit dem Platz eng werden, sobald die Lämmer größer sind.
Damit Ihre Kitze auch später ein schönes Ziegenleben haben, sollten Sie sich nicht nur mit den Interessenten unterhalten, sondern sich zumindest auch Bilder von deren Stall und Ziegenareal anschauen. Wer verantwortungsvoll ist, wird verstehen, dass Sie sich vergewissern wollen, dass Ihre jungen Ziegen artgerecht gehalten werden. Richtig patente und motivierte Neubesitzer werden Ihnen ohnehin von ihrem Ziegenareal erzählen, Fragen stellen, sowie allgemein neugierig, seriös und verantwortungsbewusst auftreten.

Zuckersüß und ganz schnell groß: Suchen Sie rechtzeitig nach neuen Besitzern, wenn Sie die Ziegen nicht behalten können.

»

Wir hätten gerne Ziegenbabys. Meine kleine Schwester will die dann alle behalten. Aber dafür ist unser Stall nicht groß genug.

Anna

Ziegenmilch frisch aus dem Stall

Die Gewinnung von Ziegenmilch setzt ein solides Wissen, viel Zeit und eine entsprechende Ausstattung voraus. Deshalb kann hier nur ein kleiner Überblick gegeben werden.

Ohne Zicklein keine Milch

Kein Säugetier gibt einfach so Milch. Die Milchproduktion setzt erst ein, wenn Nachwuchs ansteht. In freier Natur säugen die Kitze, bis die Mutter sie langsam entwöhnt. Der Milchfluss verringert sich in dieser Zeit stetig, bis er schließlich verebbt.
Werden die Zicklein vor dem natürlichen Absetzen vom Muttertier getrennt, kann dieses weitergemolken werden. Durch das regelmäßige Entleeren des Euters produziert der Ziegenkörper weiterhin Milch.

Vom Euter bis ins Glas

Viele Hobbyhalter von Milchziegen melken von Hand. Bei kleineren Gruppen ist das kein Problem. Wer große Herden hält, legt sich besser eine Melkmaschine zu. In jedem Fall lohnt sich ein Melkstand: Stehen die Tiere erhöht, erleichtert das die Arbeit immens.
Je nach Milchleistung muss zwei bis drei Mal täglich gemolken werden, idealerweise außerhalb des Stalls und in gleichbleibenden Abständen. Doch mit dem Melken allein ist es noch nicht getan. Euter, Hände, Kleidung und Melkgeräte müssen stets sauber sein, damit keine Bakterien und Keime in die Milch gelangen. Aus demselben Grund muss frisch gewonnene Milch zügig aus dem Stall entfernt werden.

Ziegenmilch kann sofort getrunken oder verarbeitet werden. Soll sie aufbewahrt werden, muss sie schnell auf mindestens 4 °C abgekühlt und in passenden Behältern, beispielsweise Glasflaschen, gelagert werden. Für eine Aufbewahrung von mehr als zwei, drei Tagen ist die Pasteurisierung unerlässlich: Die Milch wird hierbei für 30 Sekunden auf 62 °C bis 65 °C erhitzt.

Es gibt viele Menschen mit Laktoseintoleranz, die Ziegenmilch vertragen.

Verträglicher Milchgenuss

Ziegenmilch besitzt eine Vielzahl an hochwertigen Mineralstoffen, Vitaminen und Spurenelementen. Im Unterschied zu Kuhmilch setzt sich das Fett der Ziegenmilch aus wesentlich kleineren Fettkügelchen zusammen. Zudem enthält sie positive Wirkstoffe (Orotsäure, Ubichinone), die in der Kuhmilch nur in mäßigen Anteilen vorhanden sind.
Nicht wissenschaftlich nachgewiesen, aber durch zahlreiche Ergebnisse belegt: Bei verschiedenen, vor allem die Haut betreffenden Krankheiten, kann Ziegenmilch lindernd oder sogar heilend wirken.

Schmeckt gut, tut gut: Ziegenmilch ist reich an wertvollen Stoffen und besser verdaulich als Kuhmilch.

Sooo ein Käse!

Frischkäse aus Ziegenmilch können Sie sehr leicht selbst herstellen:

1 Liter gefilterte Ziegenmilch
2 Esslöffel Buttermilch
2 Tropfen Lab (in der Apotheke und einigen Läden erhältlich)

- **Die Ziegenmilch auf 28 °C erwärmen,** die beiden anderen Zutaten zugeben und warten.
- **Nach knapp einem Tag** die eingedickte Masse (Bruch) etwas zerkleinern und in ein Tuch geben. Das Ganze ausdrücken und **sechs Stunden abtropfen lassen.**
- Dann können Sie die Masse in Förmchen geben und etwa **acht Tage reifen lassen.**

Vor allem Frischkäse lässt sich wunderbar würzen. Ob mit Kräuterkruste oder als kleine Bällchen in Öl eingelegt: Die Möglichkeiten sind schier unendlich. Für jeden Geschmack lässt sich etwas kreieren, von scharfem Chili über aromatische Gewürze bis hin zur Verfeinerung mit Feigen und Honig.

Für die rezenteren Varianten wie Schnitt- und Hartkäse sind aufwendige Verfahren und bestimmte Utensilien nötig. In Anbetracht der Vielfalt, die selbst einfacher Ziegenkäse bietet, kann man das dem Profi überlassen.

Gesunde Tiere – glückliche Halter

Neben einer artgerechten Haltung und Fütterung gehören die Klauenpflege und Vorsorge zu einem gesunden Ziegendasein. Im Vorfeld beseitigte Risiken tun sowohl den Tieren als auch Ihrem Gemüt und Geldbeutel gut.

Trittsicher bleiben

Klauen wachsen – genau wie unsere Fingernägel – ständig nach. In freier Wildbahn legen Ziegen weite Strecken auf unterschiedlichen Böden zurück. Dadurch werden die Klauen auf natürliche Weise abgenutzt.
Doch auf der Weide und im Stall passiert das nur in Maßen, selbst wenn Klettermöglichkeiten vorhanden sind. Deshalb müssen die Klauen regelmäßig geschnitten werden.
Laien sollten sich zu Beginn auf jeden Fall einen Profi in den Stall holen, statt sich selbst daran zu versuchen. Lassen Sie sich ein paar Mal zeigen, wie es geht und wie Sie das Tier möglichst sicher festhalten. Dann können Sie eigenständig für die Pediküre sorgen.

Prophylaxe von Profihand

Die wichtigste Voraussetzung zur Behandlung Ihrer Ziegen ist ein guter Tierarzt. Leider kennen sich nicht alle Tiermediziner besonders gut mit Ziegen aus. Hier lohnt es sich, beim Ziegenzuchtverein nachzufragen.
Zu den Pflichtimpfungen gehört die Immunisierung gegen die Blauzungenkrankheit. Hierfür gibt es sowohl Lebend- als auch Totimpfstoffe. Lassen Sie sich auf jeden Fall vom Tierarzt beraten, welcher für Ihre Tiere besser geeignet ist und welche weiteren Impfungen eventuell sinnvoll sind.

Auch Wurmkuren gehören zum Ziegenleben. Die meisten Tiere, die sich draußen aufhalten, haben Würmer. Das ist an sich nicht weiter schlimm, weil die Ziegen einen gewissen Eigenschutz gegen die Darmbewohner aufbauen. Nehmen diese aber Überhand, kann es zu Durchfall oder gar Abmagerung kommen. Lungenwürmer verursachen Husten, bei Nichtbehandlung sogar schwerwiegende Lungenerkrankungen.
Leider werden viele Würmer immer resistenter gegen die gängigen Medikamente. Deshalb ist man mittlerweile von regelmäßigen Wurmkuren abgekommen. Stattdessen nimmt man mehrere Kotproben pro Tier (da diese unterschiedlich viele Wurmeier enthalten können) und lässt sie testen, bevor man eine Wurmkur durchführt.
Um Resistenzen zu vermeiden, sollte man den Wirkstoff regelmäßig wechseln. Dabei sind nicht die Medikamentennamen entscheidend, sondern die Inhaltsstoffe. Allerdings darf auch nicht zu häufig gewechselt werden, sonst entwickeln die Parasiten möglicherweise eine Multiresistenz.

»

Es ist sehr beruhigend für mich, dass ich einen Tierarzt habe, der sich gut mit Ziegen auskennt.

Willi

Das Klauenhorn steht über die Trittfläche …

… und wird mit dem Messer auf deren Höhe gekürzt.

Gut bestückte Stallapotheke

Kleinere Blessuren können Sie selbst versorgen. Doch auch für Notfälle sollten Sie gewappnet sein, falls Sie einmal schnell handeln müssen. Stets griffbereit in der Stallapotheke sollten Sie haben:

- Einweggummihandschuhe
- Verbandsmaterial
- Schere und Pinzette
- Desinfektionsmittel
- Salbe zur Behandlung offener oder entzündeter Wunden
- Salbe zur Behandlung stumpfer Wunden
- Fieberthermometer
- Salbe gegen entzündliche Schwellungen
- Plastikspritze oder Flasche zum Eingeben von Flüssigkeiten
- Hilfe zur Verabreichung von Tabletten
- Einwegspritzen mit Kanülen
- Mittel gegen Hautparasiten
- Vom Tierarzt empfohlene / ausgehändigte Medikamente

Bitte achten Sie bei allen Medikamenten auf die Angaben. Einige müssen im Kühlschrank gelagert werden. Die Stallapotheke sollte zudem grundsätzlich weder Frost noch zu starke Wärme abbekommen, genauso wenig wie Feuchtigkeit.

Alles im Griff: Damit keine Verletzungen entstehen, dürfen die Tiere nicht zappeln.

Auch für sich selbst sollten Sie stets ein Notfallset in unmittelbarer Nähe haben. Eine gute Idee ist es außerdem, wichtige Telefonnummern so anzubringen, dass Sie sie im Notfall nicht suchen müssen.

Abhilfe bei allerlei

Manches lässt sich gut eigenständig kurieren. Vor allem, weil Ziegen in einigen Dingen gar nicht so anders ticken als wir. Hier ein kleiner Überblick darüber, wann Sie Wehwehchen behandeln können und wann professionelle Hilfe angesagt ist.

Umgeknickt und aufgekratzt

Vorbeugen ist die beste Methode. Wenn Sie sicherstellen, dass sich im Ziegenareal keine scharfen Gegenstände oder Dinge, in denen sich die Tiere verfangen können, befinden, ist das schon die halbe Miete. Gehen Sie auf die Knie und sehen Sie sich um. Aus Ziegenperspektive erkennt man mancherlei Gefahrenquellen, die einem sonst nicht aufgefallen wären.
Trotz Kletterkünsten können auch Ziegen einmal umknicken. Wie bei uns Menschen hilft Kühlung dann am besten. Hinkt das Tier stark oder länger, sprechen Sie mit dem Tierarzt. Auch kleine Schnitt- und Schürfwunden können – und sollen! – Sie behandeln, indem Sie die Wunde von Schmutz befreien (Pinzette, Wasser) und gründlich desinfizieren. Dadurch verhindern Sie Wundinfektionen. Falls sich eine Ziege in einer übersehenen Falle, etwa einer Lücke im Zaun verfängt, gilt immer: Besser das Material beschädigen als das Tier.

Intakte Gliedmaßen werden belastet und zeigen keine Schwellungen.

Klauenkontrolle und Schmerzerkennung

Wenn eine Ziege lahmt oder gar auf den Gelenken geht, hat sie mit großer Wahrscheinlichkeit eine Klauenerkrankung. Für starkes oder langanhaltendes Hinken können auch Verletzungen oder ein eingetretener Fremdkörper die Ursache sein.
Sehen Sie sich deshalb regelmäßig die Klauen an. Sind sie frei von Dornen, Steinen und Co.? Wie ist ihr Geruch?

Moderig übelriechende Klauen deuten auf eine Bakterieninfektion hin, die die Klauen faulen lässt. Kontaktieren Sie einen Tierarzt. Das gleiche gilt, wenn sie entzündliche Rötungen am Spalt zwischen den Klauen erkennen. Die sogenannte Moderhinke oder Klauenfäule ist eine sehr unangenehme Krankheit, weil sie auch auf die anderen Tiere übertragen werden kann. Behandlungen fortgeschrittener Formen können nicht nur teuer für Sie, sondern auch sehr anstrengend für das Tier werden.

Verdauungsprobleme

Weder Durchfall noch Blähungen sollten Sie als „Kleinigkeit" betrachten. Durchfall wird meist durch Würmer oder andere Endoparasiten verursacht, kann aber auch vom falschen Futter herrühren. Die Untersuchung einer Kotprobe gibt hier Aufschluss.

Jungtiere mit Durchfall müssen sofort tierärztlich untersucht werden.

Stinknormal: Gesunder Ziegenkot wird in „Böbbelchen" abgegeben und ist dunkelbraun.

Blähungen können viele verschiedene Ursachen haben. Ein Fremdkörper kann in der Speiseröhre stecken und somit eine Gasblase im Pansen entstehen lassen. Möglicherweise ist die Ursache im Futter zu suchen. Laien sollten in diesem Fall möglichst schnell einen Fachmann zurate ziehen.
Starke Blähungen äußern sich durch einen aufgetriebenen, harten Bauch, der berührungsempfindlich ist. Meist sehen solche Tiere ängstlich aus. Um die Schmerzen zu lindern, stehen sie oft steif oder breitbeinig da.

Fiese Feuchtbewohner

Bei der Kotuntersuchung (siehe Seite 80) wird normalerweise auch auf Kokzidien und Leberegel getestet. Bei Kokzidien handelt es sich um Einzeller, die besonders bei Jungtieren schlimme Reaktionen wie blutigen Durchfall hervorrufen können. Zu den Durchfallursachen gehören auch die Erreger der Toxoplasmose. Sie können unter anderem über nicht ausreichend gegartes Fleisch auch auf den Menschen übertragen werden, deshalb ist darauf besonders zu achten.
In unseren Breiten ist der Große Leberegel bedeutend. Er kann über Schnecken übertragen werden und ist äußerst gefährlich. Symptome sind Mattheit, die Tiere bleiben liegen und haben teilweise einen aufgedunsenen Bauch und Schmerzen.
Die beste Vorbeugung gegen diese Leberbewohner ist es, die Ziegen von Tümpeln und Teichen fernzuhalten, sowie möglichst nicht auf feuchten Wiesen weiden zu lassen. Die Larvenstadien des Erregers wandern aus der Schnecke ins Gras, wo sie von den Weidetieren aufgenommen werden.

Blutsauger und Fellbewohner

Zecken können durch ihren Biss Juckreiz verursachen, aber leider auch schwerwiegende Krankheiten übertragen. Gegen einige dieser Krankheiten – leider nicht gegen alle – können Ziegen Resistenzen bilden. Ein regelmäßiges Bürsten verringert das Risiko von Zeckenbissen, genau wie das Schubbern.
Läuse und Haarlinge lassen sich recht leicht in den Griff bekommen. Haarlinge ernähren sich von Hautschuppen. Der Befall äußert sich dadurch, dass sich die Tiere selbst beißen oder gar Fell ausreißen, weil die kleinen Biester starken Juckreiz verursachen. Über Medikamente kann diesen unangenehmen Winzlingen der Garaus gemacht werden.
Gegen Insektenstiche, die nicht nur lästig sein, sondern unter Umständen sogar zu starkem Blutverlust oder Krankheitsübertragungen führen können, hilft nur das Einschmieren der Tiere mit entsprechenden Abwehrmitteln (Repellents). Einige Ziegenhalter schwören auf Teebaumöl oder die orale Verabreichung knoblauchhaltiger Präparate.

Tückische Viren

Die Maul- und Klauenseuche (MKS) äußert sich durch Bläschen im Maul und eventuell an den Klauen. Bei Anzeichen müssen Sie unverzüglich einen Tierarzt kontaktieren. Diese Viruserkrankung ist anzeigepflichtig, das heißt, sie muss beim Veterinäramt gemeldet werden. Entsprechend wird die Behandlung dann vom Amtstierarzt übernommen. Es gibt Heilungschancen, doch die MKS kann auch tödlich enden.
Eine weitere Viruserkrankung ist die Blauzungenkrankheit. Sie wird durch kleine Stechmücken, Gnitzen genannt, übertragen. Es gibt zwar eine Schutzimpfung gegen die Blauzungenkrankheit, allerdings gibt es Erregerformen, die nicht davon abdeckt werden. Anzeichen sind Fieber und allgemeine Bewegungsunlust.
Wird nicht sofort behandelt, folgen Kopfschwellungen, Ausfluss, die Bildung von Geschwüren und Blutungen in Mund und Nase. Trotz ihrer schwerwiegenden Symptome kann die Krankheit in vielen Fällen behandelt werden.

Achten Sie bei der Anschaffung Ihrer Ziegen auf nachweislich CAE-freie Tiere.

CAE (Caprine Arthritis-Encephalitis) ist eine Ziegenerkrankung, die durch Retroviren, ähnlich dem menschlichen HI-Virus, übertragen wird. Anzeichen sind Entzündungen der Karpalgelenke und Veränderungen in der Lunge. Die Krankheit kann jahrelang unerkannt bleiben, bevor sie ausbricht. Sie ist nicht meldepflichtig, sollte aber auf jeden Fall bestmöglich eingedämmt werden.
Übertragungswege sind Muttermilch und Tröpfcheninfektion. Auch andere Tiere und wir Menschen können sie unter Umständen verbreiten. Bluttests geben Aufschluss über eine Infektion. Betriebe können sich durch wiederholte Blutuntersuchungen mit negativen Ergebnissen als erregerunverdächtig klassifizieren lassen.

Sauberes, glänzendes Fell und unversehrte Haut: Hier wohnen keine Parasiten.

Waagrecht unter der Stalldecke aufgehängte Insektenfänger im Großformat sind eine clevere Schutzmaßnahme.

Sturer Bock und blöde Zicke

Unter guten Haltungsbedingungen und bei genügend Beschäftigung mit den Tieren werden Sie kaum mit ernsthaften Verhaltensproblemen konfrontiert sein. Doch auch unter den Ziegen gibt es gelegentlich schwarze Schafe.

Oft sind Haltungs- oder Erziehungsfehler der Grund für „mangelhaftes“ Betragen.

Auslöser von Verhaltensproblemen erkennen

Meist haben Verhaltensprobleme bei Ziegen, wie Aggression oder Frust, ihren Ursprung in der Haltungsform. Zu wenig Platz, ein Mangel an Beschäftigungsmöglichkeiten oder gar die „Einzelhaft“ können negative Reaktionen und Emotionen zur Folge haben.
Mir sind schon Leute begegnet, die sich über das rabiate Gehabe ihres Bocks beklagt haben – und der stand mutterselenallein auf einer Koppel. Kein Wunder, dass der Geselle am Durchdrehen war. Falls in Ihrer Ziegengruppe ein Problemfall auftreten sollte, schauen Sie genau hin: Sind die Tiere gesund, allgemein gut versorgt und können Sie ihrem Kletter- und Bewegungsdrang ausgiebig nachgehen? Manchmal vertragen sich auch einzelne Tiere schlichtweg nicht miteinander. Oder manche Böcke werden unausgeglichen, wenn sie zu wenig „Mädels“ um sich haben.

Angreifer bändigen

Ziegen, die einen nicht ins Gatter lassen, ständig auf Kollisionskurs sind oder sogar aus dem Hinterhalt angreifen, gehören zu den gängigsten Problemfällen. Zu den Ursachen gehören eine zu geringe Herdengröße – der Bock ist schlichtweg nicht ausgelastet – und falsche Erziehung.
Besonders aufs Konto der „Jungs“ gehen die meisten Klagen hilfloser Ziegenhalter. Häufig berichten sie, dass sie ihrem Rabauken nur noch mit Besen oder Ähnlichem bewaffnet entgegentreten. Doch genau das verstärkt den Konflikt.
Ideal ist, das Tier zu packen und mit einem behänden Ruck auf die Seite zu legen. Wer die Kraft dazu nicht hat, kann eine Wasserpistole benutzen. Beides muss meist öfter angewendet werden, bis die Vierbeiner klein beigeben.

Auch übersehene Dominanzsignale können zu Angriffslust führen. Es ist nicht Zufall, wenn ein Bock Sie anspritzt.
Das Reiben seines Kopfes an Ihnen ist ebenso wenig ein Zeichen der Zuneigung. Er markiert sie durch seine Duftdrüsen als sein Eigentum.
Die falsche Früherziehung macht sich bei ausgewachsenen Tieren negativ bemerkbar. Kitze lernen spielerisch, was später wichtig ist. Animieren Sie kleine Ziegen zu Kopfnüssen und Rangeleien, ernten Sie die Lorbeeren später in sehr unangenehmer Form, denn dadurch bringen Sie den Ziegen dummerweise bei, Menschen zu attackieren.
Es gibt auch Ziegen, deren unangenehmes Verhalten gesundheitliche oder gar genetische Gründe hat. Lassen Sie betreffende Tiere auf jeden Fall von einem Tierarzt unter die Lupe nehmen. Auch Schmerzzustände können Aggressionen auslösen. Bei manchen Tieren ist die Kastration eine Lösung.

Imposante Vettern: Steinböcke gehören zu den Ziegenartigen. Auch domestizierte Ziegenböcke können auf solch spektakuläre Weise kämpfen.

Graubärte und Sorgenkinder

Der Kreislauf des Lebens schließt sich. Auch Ziegen werden irgendwann alt. Es gibt aber auch Situationen, in denen jüngere Tiere abbauen. Dann gilt es, die richtigen Entscheidungen zu treffen – grundsätzlich für das Tier, versteht sich.

Ziegen können uns nicht mitteilen, was sie haben. Zögern Sie im Zweifel nicht, einen Tierarzt zurate zu ziehen.

Forever young für Ziegen

Das ist schon möglich. Wenn Sie immer wieder den Nachwuchs behalten und die älteren Tiere abgeben oder sogar schlachten lassen, kommen Sie höchstens selten in die Situation, dass es mit einem der Tiere bergab geht. Dasselbe gilt, wenn Sie Ihre Ziegengruppe regelmäßig gegen jüngere Dickköpfe tauschen. Aber mal ehrlich: Wenn Sie Ihre Vierbeiner ins Herz geschlossen haben, wollen Sie sich dann noch von ihnen trennen?

Kein Raum für Egoismus

Wer Tiere hält, übernimmt die Verantwortung für ihr Wohlergehen. Neben einer artgerechten Haltung zählt dazu auch, dass man das Beste für seine Vierbeiner tut – ungeachtet dessen, ob wir das prickelnd finden oder nicht. Es ist wichtig, dass auch Ihre Kinder das verstehen.
Manche Entscheidungen fallen sehr schwer. Da wünscht man sich, die Tiere könnten einem einfach sagen, was sie wollen. Gerade deshalb sollten Sie besonders darauf achten, wie sich die betreffende Ziege verhält – und ehrlich zu sich selbst sein.
Zeigt das Tier deutlich, dass es fressen, sich auf normale Weise bewegen will und so weiter? Oder wirkt der Vierbeiner, als wäre es für ihn eine Erleichterung, endlich gehen zu können? Seien Sie mutig und beherzt genug, um zum Hörer zu greifen und den Tierarzt anzurufen. Wer aus Angst vor einer unschönen Nachricht tatenlos bleibt, schadet dem Tier nur – und sollte sich vor allem vor Augen halten: Vielleicht lässt sich Ihre Ziege jetzt noch kurieren.

Kein Tier sollte leiden, nur damit wir seine Gesellschaft länger haben.

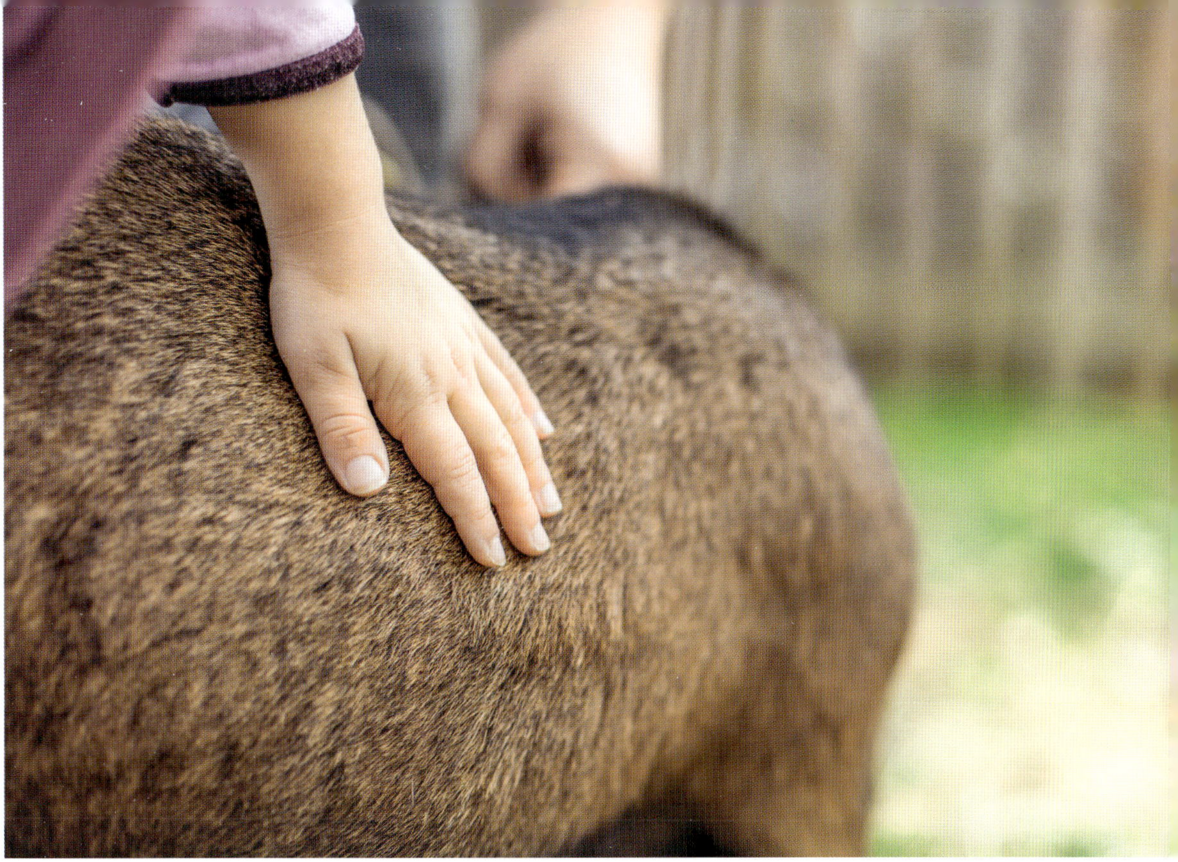

Ein guter Tierhalter handelt immer pro Tier.

Letzte Reise … und dann?

Ich kenne Tierärzte, die fragen, ob man ein großes Grundstück hat und zwinkern einem zu. Tiere in der Größenordnung von Ziegen dürfen normalerweise aber nicht so einfach begraben werden. Der Grund hierfür ist die Reinhaltung des Grundwassers.
Gesetzeskonforme Lösungen gibt es mehrere: Veterinäre können das Tier behalten oder mitnehmen und sich um alles danach kümmern. Sie haben natürlich die Möglichkeit, die Profis zu bestellen, die für die Entsorgung von Tierkörpern zuständig sind. Eventuell können zwischen Anruf und Abholung ein paar Tage liegen, weil solche Transporter regelmäßig die Landwirte in der Region abfahren. Dann kann es sein, dass Sie das tote Tier kühl lagern müssen. Bei der Abholung sollten zart Besaitete besser abwesend sein. Es ist nicht schön, mit ansehen zu müssen, wie Ihr verstorbener Vierbeiner in einen Transporter voller anderer toter Tiere wandert.
Die eleganteste – aber auch teuerste – Lösung ist die Einäscherung. Es gibt Tierkrematorien. Dort werden die Vierbeiner, auf Wunsch auch einzeln, verbrannt und die Asche an die Besitzer ausgehändigt.

Rechtliches zu Tieren und Gebäuden

Um mit Sicherheit im Rücken in die Ziegenhaltung durchstarten zu können, sollten Sie auf jeden Fall mit Fachleuten vom Ziegenzuchtverein sprechen. Und das örtliche Bauamt gibt Ihnen handfeste Informationen zur Errichtung von Gebäuden.

Ohrschmuck ist Pflicht

Ziegen müssen laut Gesetz gekennzeichnet werden, die meisten Tiere sogar elektronisch. Hintergrund hierfür ist, dass eine bessere Rückverfolgbarkeit zu ihrem Ursprungsbetrieb gewährleistet wird, welche die Bekämpfung von Tierseuchen erleichtert. Am besten wenden Sie sich an örtliche Ziegenzuchtverbände. Dort bekommen Sie nicht nur Infos zu den Kennzeichnungsmöglichkeiten (Ohrmarken, elektronische Fußfesseln) sondern auch zur Meldung beim Veterinäramt und der Tierseuchenkasse. Zudem hängt die Art der Kennzeichnung vom Alter der Tiere sowie ihrem Nutzzweck ab.
Laien sollten ohnehin nicht einfach drauf los „piercen". Allein deshalb ist es schon ratsam, die Profis aufzusuchen, die Ihnen dabei helfen oder jemanden empfehlen können. Falsch angebrachte Ohrmarken können leicht ausreißen oder Entzündungen hervorrufen.

Alles Wichtige zu Ohrmarken erfahren Sie bei der Landwirtschaftskammer.

Seit einiger Zeit müssen Ziegenhalter einmal jährlich ihren aktuellen Bestand melden sowie neue Tiere innerhalb von sieben Tagen in die HIT(Herkunfts- und Informationssystem Tier)-Datenbank eintragen.

Diese Vorschriften finden nicht alle Ziegenhalter prickelnd. Vor allem viele Hobbyhalter, die nur eine sehr kleine Ziegengruppe besitzen, würden Änderungen begrüßen, die bei der privaten „Spaßhaltung" auf einfachere Weise zum Seuchenschutz beitragen.
Bei Transporten, die über eine innerbetriebliche Fahrt hinausgehen, müssen Sie die Papiere der jeweiligen Tiere dabei haben. Das ist nicht nur für die Anschaffung oder den Verkauf wichtig, sondern auch wenn Sie zu Trekkingtreffen fahren.

Eine Tierhaftpflichtversicherung ist auch bei der Hobbyhaltung sehr ratsam und kostet nicht viel.

Bauen wie's allen beliebt

Solide sollte er schon sein, der Stall. Bevor Sie einen „Neubau" hochziehen, sollten Sie sich beim Bauamt über Ihre Möglichkeiten erkundigen. Schon Zäune mit bestimmter Höhe oder Ställe im Format von Gartenlauben können je nach Region und Ortsgebiet bestimmten Vorschriften unterliegen.
Wenn Sie ohnehin ein Gebäude besitzen, das Sie umfunktionieren wollen, ist das natürlich die beste Ausgangssituation. Je nachdem, was Sie installieren oder anbauen wollen, können aber auch hier rechtliche Vorschriften greifen.

Kleine Ziege, kleine Ohrmarke: Für Zwergziegen können bei der Größe der Marken Ausnahmen gemacht werden.

Register

Nützliches für Ziegenfans

Grünland pachten oder kaufen

Auf der Webseite www.agrar.de finden Sie unter der Rubrik „Pachtspiegel“ zu jedem Bundesland Pacht- und Kaufpreise verschiedener landwirtschaftlicher Nutzflächen.

Auf Tour mit Ziegen

Anregungen, Termine zu öffentlichen Touren, Tipps und Kontakt zu anderen wanderbegeisterten Ziegenfreunden finden Sie unter:
www.packziegen.ch
www.ziegentrekking.de

Weiteres Wissenswertes zu Ziegen

Auf den folgenden Internetseiten finden Sie viele Informationen, wertvolle Tipps und Anregungen rund um die Ziegenhaltung:
www.ziegen-caprine.ch
www.ziege.ch

Ansprechpartner
Bundesverband Deutscher Ziegenzüchter e.V. (BDZ)
Claire-Waldoff-Straße 7
10117 Berlin
Tel.: 030/31904-542
www.ziegen-sind-toll.de

Ziegenzuchtverband Baden-Württemberg e.V.
Heinrich-Baumann-Straße 1-3
70190 Stuttgart
Tel.: 0711/1665502
www.ziegen-bw.de

Landesverband Bayerischer Ziegenzüchter e.V.
Haydnstraße 11
80336 München
Tel.: 089/537856
www.ziegenzucht-bayern.de

Unter den genannten Adressen erhalten Sie unter anderem Informationen zu einzelnen Rassen und entsprechenden Verbänden.

Weiterführende Bücher

Bellersen Quirini, Cosima (2011): Joghurt, Quark und Käse – natürlich selbst gemacht, Verlag Eugen Ulmer, Stuttgart.

Freith, Britta (2009): Unser Schaf- und Ziegenhof, Verlag Eugen Ulmer, Stuttgart.

Kühnemann, Helmut (2008): Ziegen, Verlag Eugen Ulmer, Stuttgart.

Kurschus, Andrea (2012): Das Milchziegenbuch, Verlag Eugen Ulmer, Stuttgart.

Sambraus, Hans Hinrich (2011): Farbatlas Nutztierrassen, Verlag Eugen Ulmer, Stuttgart.

Scholz, Wolfgang (2012): Käse aus Schaf-, Ziegen- und Kuhmilch, Verlag Eugen Ulmer, Stuttgart.

Späth, Thume, Wenzler (2012): Ziegen halten, Verlag Eugen Ulmer, Stuttgart.

Service

Bildquellen

arco-images.de/W.Dolder: Seite 11
arco-images.de/W. Layer: Seite 87
Bauer, Wilhelm: Seite 13, 22, 23 unten, 28, 45 oben links, 45 unten; vordere Klappe innen, linke Seite oben; vordere Klappe innen, linke Seite, 2. von oben; vordere Klappe innen, linke Seite unten; vordere Klappe innen, rechte Seite, 2. von oben; vordere Klappe innen, rechte Seite unten; hintere Klappe innen, linke Seite
Götz, Eva-Maria: vordere Klappe innen, linke Seite, 3. von oben; hintere Klappe innen, rechte Seite
Klewitz-Seeman, Silke: Seite 19, 27, 70, 72, 73, 75, Umschlagseite 2, Umschlagseite 3
Lauinger, Moris: Titelfoto, Umschlagrückseite, beide; Seite 1, 2 rechts, 2 links, 3 links, 3 rechts, 4, 6/7, 8, 9 oben, 9 unten, 15 oben, 15 unten, 16, 17, 20, 21, 23 oben, 24, 25, 30, 31 oben, 31 unten, 32/33, 34, 35 oben, 35 Mitte, 35 unten, 36, 37 oben, 37 unten rechts, 37 unten links, 38, 39 oben, 39 unten, 40, 41 unten links, 41 unten rechts, 41 oben, 42, 43, 44, 45 oben rechts, 46, 47 oben, 47 unten rechts, 47 unten links, 48/49, 50, 51, 52, 53, 54, 55, 56 links, 56 rechts, 57, 58, 59 rechts, 59 links, 60, 61 oben, 61 unten, 62, 63, 64, 65, 66 oben, 68/69, 77, 81 oben links, 81 oben rechts, 81 unten, 82, 83, 85 oben, 85 unten, 86, 88, 89, 91, 93
mauritius Images / United Archives: Seite 10
mauritius Images / David & Micha Sheldon: Seite 29, 71
Naturfoto-CZ / Jiri Bohdal: Seite 12
Ochsenhirt, Pia: Seite 66 unten, 67 oben, 67 unten, vordere Klappe innen, rechte Seite oben
Sambraus, Hans Hinrich: vordere Klappe innen, rechte Seite, 3. von oben
Schmidt-Röger, Heike: Seite 78 oben, 78 unten, 79 links, 79 rechts

Danksagung
Die Autorin dankt Familie Bauer für die tatkräftige Unterstützung und das Engagement bei den Fotoshootings, ganz besonders Anna und Klara für ihre tolle Leistung vor der Kamera. Vielen Dank an Moris Lauinger für die großartige fotografische Begleitung sowie an Eva-Maria Götz vom Verlag Eugen Ulmer, die dieses wunderbare Buchprojekt mit ins Leben gerufen hat.

Haftung

Die in diesem Buch enthaltenen Empfehlungen und Angaben sind von der Autorin mit größter Sorgfalt zusammengestellt und geprüft worden. Eine Garantie für die Richtigkeit der Angaben kann aber nicht gegeben werden. Autor und Verlag übernehmen keinerlei Haftung für Schäden und Unfälle. Der Verlag Eugen Ulmer ist nicht verantwortlich für die Inhalte der im Buch genannten Websites.

Impressum

Bibliografische Information der Deutschen Nationalbibliothek
Die Deutsche Nationalbibliothek verzeichnet diese Publikation in der Deutschen Nationalbibliografie; detaillierte bibliografische Daten sind im Internet über http://dnb.d-nb.de abrufbar.
Das Werk einschließlich aller seiner Teile ist urheberrechtlich geschützt. Jede Verwertung außerhalb der engen Grenzen des Urheberrechtsgesetzes ist ohne Zustimmung des Verlages unzulässig und strafbar. Das gilt insbesondere für Vervielfältigungen, Übersetzungen, Mikroverfilmungen und die Einspeicherung und Verarbeitung in elektronischen Systemen.

© 2013 Eugen Ulmer KG
Wollgrasweg 41, 70599 Stuttgart (Hohenheim)
E-Mail: info@ulmer.de
Internet: www.ulmer.de
Lektorat: Dr. Eva-Maria Götz
Umschlagentwurf, Innenlayout und Satz: Freiraum K, Karen Neumeister, Stuttgart
Druck und Bindung: Westermann Druck, Zwickau
Printed in Germany

ISBN 978-3-8001-7955-8

Mehr Spaß mit Ihren Ziegen!

- **Das Leseabenteuer für alle Ziegenfreunde**
- **Lebensnah, nie langweilig, trotzdem voller Praxis**
- **Bürokratische Anforderungen werden ebenso erläutert**

Mit Humor und Sachkenntnis beschreibt dieses Buch den Aufbau und Alltag einer artgerechten Wirtschaft mit Milchziegen und bietet eine Fülle an Informationen zur Ziegenhaltung und Zucht. Lernen Sie die Verhaltensweisen der Ziegen kennen und beobachten Sie die Tätigkeiten, die zum Jahreslauf auf einem Milchziegenhof gehören.

Das Milchziegenbuch. Vom Hofbau bis zum Käsen. A. Kurschus. 2. Auflage 2012. 144 S., 70 Farbf., 19 Zeichnungen, geb. ISBN 978-3-8001-7749-3.

- **Der bewährte, klassische Ratgeber zur Ziegenhaltung**
- **Für Ziegenfreunde und Ziegenhalter, die alles richtig machen wollen**
- **Versierte Experten zeigen, wie es geht**

Ziegen sind hochintelligent und munter. Durch ihr neugieriges und verspieltes Wesen bringen sie Freude und Herausforderung für die ganze Familie. In diesem Buch erfahren Sie alles über den richtigen Umgang mit diesen fröhlichen Tieren, dazu das wichtige Praxiswissen, um sie artgerecht zu halten und zu pflegen.

Ziegen halten. H. Späth, O. Thume, J.-G. Wenzler. 7. Auflage 2012. 200 S., 90 Farbfotos, 20 Zeichnungen, geb. ISBN 978-3-8001-7727-1.

Ulmer **Ganz nah dran.**